Andrea Beddies

Change–Stories

EHP

KOMPAKT

Dr. Andrea Beddies (*1961) war in verschiedenen internationalen Führungspositionen im HR-Bereich mittelständischer Unternehmen und Konzerne tätig und hat mehrere Jahre in Asien gearbeitet. Die Arbeitspsychologin ist Expertin im Bereich Personal- und Organisationsentwicklung, Change-Management, Digitalisierung und neue Formen der Arbeit und lebt in Niedersachsen. Sie ist Gründerin der Unternehmensberatung *andrea beddies enabling change*; https://www.andrea-beddies.com

Andrea Beddies

Change-Stories

Die Tücken des Bewahrens oder: Veränderung muss für alle Sinn ergeben

Ein Lesebuch

© 2021 EHP – Verlag Andreas Kohlhage, Gevelsberg
www.ehp-verlag.de

Bibliografische Information der Deutschen Nationalbibliothek
Die Deutsche Nationalbibliothek verzeichnet diese Publikation
in der Deutschen Nationalbibliografie; detaillierte bibliografische Daten sind im Internet über http://dnb.d-nb.de abrufbar.

Dieses Buch ist auch als E-Book erhältlich

Umschlagentwurf: Uwe Giese
Satz: MarktTransparenz Uwe Giese, Berlin
Foto S. 2: Denise Krentz / Krentz Photography, Aachen
Gedruckt in der EU

print-ISBN 978-3-89797-139-4
epub-ISBN 978-3-89797-686-3
PDF-ISBN 978-3-89797-687-0

INHALT

Für Graham und für Kai

Vorwort

Es gibt viele gute Konzepte zu Change-Management
und viel Weisheit zu dem Thema. Die Weisheit in die
betriebliche Praxis umzusetzen, ist nicht immer ganz
leicht. Rezepten zu folgen, das geht nicht, dazu ist die
jeweilige betriebliche Wirklichkeit viel zu komplex, und
jedes Change-Projekt ist einzigartig: wie wunderbar!
Jedoch mag der eine oder die andere verzweifeln und
nach mehr Orientierung fragen: Wo ist der Rat für die
Umsetzung der Theorie in die Praxis? Wie kann ich in
meiner Organisation oder in meinem Projekt konkret
vorgehen und typische Fehler vermeiden?

Genau darum soll es in diesem Lesebuch gehen: Es ent-
hält viele Geschichten aus der Praxis (von mir und von
anderen), die tatsächlich so passiert sind – selbstverständlich für diesen Rahmen anonymisiert. Sie zeigen, wie es
funktionieren kann und was es manchmal für Kurven
braucht, um dann doch ans Ziel zu kommen. Veränderung
verläuft nicht immer geradlinig. Aufgeschrieben wurden
die Geschichten von einer betrieblichen Praktikerin mit
ein paar Jährchen Berufserfahrung, die ein Zeitfenster
für das Schreiben gefunden hat.

Die Geschichten – verknüpft mit der daraus gewonne-
nen Essenz – sollen Mut machen, Gedanken anregen,

Struktur geben und vor allem Lust auf Veränderung machen. Change-Management muss nicht schwer sein, ganz und gar nicht! Für mich persönlich waren Praxisbeispiele immer hilfreich, ich konnte von Ihnen profitieren: Sie waren häufig das Tüpfelchen auf dem »i«, was die Entscheidung zum Vorgehen oder die gute Reflexion betraf. So hoffe ich, dass ich Ihnen einige i-Tüpfelchen bescheren und zu nachhaltigem Nachdenken anregen kann.

Diese Lektüre sollte »leicht« für Sie sein. Am besten liegt sie (zum Beispiel) auf Ihrem Nachttisch, und Sie können hinterher gut schlafen. Entweder, weil Sie sagen: »Siehst du, hab' ich's doch richtig gemacht!« oder »Gute Idee, das könnte ich auch mal ausprobieren!« oder »Stimmt, daran muss ich denken!« oder »Genauso ist es mir auch ergangen!«

Change-Stories richtet sich an eine bunte Mischung unterschiedlicher Zielgruppen mit ganz verschiedenen Vorkenntnissen:

• Führungskräfte mit mehr oder weniger Wissen über Change, die sich informieren möchten oder einfach sehen wollen, was andere so gemacht haben

• Organisationsentwickler*innen, ob interne oder externe, die sich Anregungen dazu wünschen, welche Fallstricke es gibt, in die man immer wieder tappen kann

- Menschen, die Organisationsentwicklung lernen wollen, also an einer Ausbildung teilnehmen oder sich dafür interessieren

- Studierende, die sich in ihrem Studium mit dem Thema befassen

- Ausbilder*innen zum Thema Change, die sich Material für ihr Curriculum wünschen

Nun aber los, das Buch hat nicht so viele Seiten. Es ist schnell durchgelesen und auch für besonders vielbeschäftigte Manager*innen geeignet.

Happy Reading!

1. Die Ebenen von Change: Von der organisationalen Transformation bis zum Individuum

Veränderungen können unterschiedliche Ursachen und Antriebe haben.

Es können Naturereignisse, gesellschaftliche Entwicklungen, Phänomene oder Ereignisse sein, wie zum Beispiel das Auftauchen des Corona-Virus, das 2020 unseren Alltag komplett veränderte. Oder es ist der »Fortschritt«, die Erfindung einer neuen Technologie, die unser Leben ganz neu prägen. Dadurch gibt es andere Möglichkeiten oder Anforderungen an das Zusammenleben, den Austausch, die Art und Weise der

Zusammenarbeit. Neue Bedarfe und Anforderungen an Produkte und Dienstleistungen entstehen. Oder die pure Not macht Gesellschaften erfinderisch, weil sie sonst so nicht überleben würden. Das kann ganz existenziell sein. In solchen Situationen werden Prioritäten neu gesetzt, und man bekommt eine vollkommen andere Perspektive auf die Dinge.

Diese Veränderungen können mehr oder minder direkt »durchschlagen« auf das Denken und Handeln im Unternehmen und auf die Haltung der Menschen. Corona im Jahr 2020 zum Beispiel hat die Haltung zur Arbeit von zu Hause aus verändert: In solchen Zeiten wird das Home Office zur Problemlösung. Alle brauchen das technische Equipment, die schnelle Internetverbindung, das Video-Konferenzsystem. Die Haltung: »Wird zu Hause denn auch ordentlich gearbeitet?« hat plötzlich keinen Platz mehr im Denken und ist renovierungsbedürftig.

Oder der Markt oder die Technologien ändern sich so radikal, dass bestimmte Produkte, Dienstleistungen, Prozesse obsolet werden. Ganze Industrien verschwinden, Strukturwandel findet statt, Unternehmensteile werden geschlossen oder veräußert.

Treiber der Veränderung kann auch ein Impuls im Unternehmen selbst sein: Sei es eine neue Produktidee und damit ein neuer Markt und neue Kunden*innen, die man erschließen kann, sei es eine neue Technologie, die das Arbeiten und die Prozesse einfacher machen. Oder sei es der Generationswechsel im Management, der eine andere Art der Führung in das Unternehmen trägt.

Der Impuls kommt manchmal von einem Individuum oder einem Team, das einfach etwas anders machen will. Die Veränderung wird bottom-up initiiert und vorangebracht. Engagierte Mitarbeiter*innen werden zu Treibenden der Veränderung und begeistern die Führungskräfte.

Bei allen Veränderungen gilt: Die Energie muss groß genug sein, die Notwendigkeit und der Bedarf. Es muss eine »kritische Masse« an Mitstreitenden geben, »sonst wird das nichts!«

Fokus in diesem Lesebuch ist die Veränderung auf der Ebene des Bereichs oder der Abteilung und der Menschen dort: Was muss passieren, damit der Mensch im Unternehmen oder in der Organisation mitgehen, dabei sein oder besser noch mit antreiben will? Wie mache ich die Mitarbeiter*innen zu aktiv Beteiligten, und welche Rahmenbedingungen brauche ich dafür? Wie überzeuge ich, und wovon lassen Menschen im Unternehmen sich gerne überzeugen (s. a. Senge 2017)? Um diese Fragen soll es auf den kommenden Seiten gehen.

Kein Change, ohne dass alle Beteiligten sich auch selbst verändern, an ihrer Haltung arbeiten oder ihre Arbeitsweise weiterentwickeln! Und diese innere Bereitschaft muss gegeben sein oder eben geschaffen werden (s. a. Kegan & Laskow Lahey 2009).

2. Auftragsklärung und die Dimension Zeit

Change-Projekte haben in der Regel eine längere Vor-
geschichte: Da gibt es Diskussionen in einer Abteilung,
in einem Bereich oder im Kreis von Führungskräften.
Irgendwo existiert ein Unwohlsein mit der bestehenden
Situation oder das klare Wissen, dass etwas getan werden muss. Seien es die Prozesse und die Zusammenarbeit im Unternehmen, die nicht rund laufen, sei es die
Aufbauorganisation, die nicht mehr zeitgemäß ist, das
Produktportfolio und die Ausrichtung am Markt, die
nicht mehr stimmen etc. Der Handlungsdruck verstärkt
sich mehr und mehr, und dann irgendwann ist er groß
genug, um das Thema richtig anzugehen und ein Projekt
aufzusetzen. Es kann auch zusätzlich einen Anlass von
außen geben, der die Ideen der internen Akteure*innen
unterstützt, und dann wird ein Projekt oder zumindest
eine Vorstufe dafür initiiert.

Idealerweise sollte nun ein rationaler Prozess starten:
Situationsbeschreibung, Zieldefinition, Vorschlag zur
Vorgehensweise, Ressourcen- und Budgetabschätzung,
Zeitplanung. Das Projekt wird präsentiert, es folgt die
Entscheidung vom Management, und irgendwann geht
es los. So steht es sicherlich im Handbuch für systema-
tisches Management oder für Projekt-Management (s. a.
Timinger 2017).

Im wirklichen Leben ist es aber nicht immer so: Rahmenbedingungen verändern sich, es gibt plötzlich Zeitdruck,
die Agierenden verändern sich, Probleme erscheinen in
einem anderen Licht usw. (s. a. Simon 2015).

Um einerseits einen klaren Rahmen zu setzen und
andererseits so genau wie möglich zu wissen, auf welche Risiken man sich gegebenenfalls einlässt, kommt
der Auftragsklärung eines Veränderungsprojektes am
Anfang eine Schlüsselrolle zu. Und damit möchte ich
beginnen.

Die Bedeutung der Auftragsklärung ist für jegliches Projekt, vor allem für jedes Change-Projekt, heutzutage ein
Allgemeinplatz, und es gibt jede Menge Literatur dazu
(s. a. Schein 2010). In der Praxis ist es jedoch so, dass
sich nicht jeder Auftrag zu 100 Prozent definieren und
entsprechend abarbeiten lässt. Ach, wäre das Leben dann
schön und einfach! Ich bräuchte ja nur eine Liste von
Arbeitspaketen abzuhaken. Auftragsklärung und -verga-
be sind für Geschäftsführungen oder die Führungskräfte
eines Bereiches ein Entscheidungsprozess, der oft vor dem
Hintergrund nicht stabiler Bedingungen stattfindet: nicht
einfach! Und manchmal führt das zu einem Plan A und
als Alternative oder Variante zu einem Plan B.

Und Projekte verändern sich häufig über die Zeit, entweder weil ein zusätzliches Thema dazu kommt, sich die
Auftraggeber*innen im Unternehmen verändern und so
neue Akzente gesetzt werden, oder weil die Rahmenbe-

dingungen andere geworden sind: Alles neu macht der
Mai!

Vor diesem Hintergrund schälen sich vier Aspekte heraus,
die besonders bedeutsam sind. Sie alle korrelieren – wenn
es um den Projekterfolg geht – mit dem Faktor Zeit:
Wieviel Zeit habe ich, um das Projekt durchzuführen und
Dinge auszugleichen oder nachzuholen, die ich eigentlich
von Anfang an gebraucht hätte? Die Faktoren sind:

- Wissen über die Organisation und ihre Wirkme-
  chanismen
- Veränderungsdruck der Organisation
- Gemeinsamkeit der Interessen
- Veränderungsfähigkeit der Organisation

**Wissen über die Organisation
und ihre Wirkmechanismen**

Externe Berater*innen, die neu in eine Organisation
kommen, wissen zunächst nichts über das Unternehmen,
außer dem, was sie im Internet recherchieren konnten
oder was sie sonst irgendwo von irgendwem gehört haben. Es kommt also auf die Güte des Briefings und die
Offenheit der betrieblichen Auftraggeber*innen an, ob
sich wirklich ein valides Bild erzeugen lässt.

Für interne Mitarbeiter*innen, die mit einer Change-
Aufgabe betraut werden, ist es leichter, weil das Umfeld
bekannt ist und man weiß, an welchen Fäden man ziehen

kann, um die Dinge in Bewegung zu setzen oder wo die
Bremsklötze liegen.

Führungskräfte, die in ihrer Rolle ein Change-Projekt
beauftragen, haben die Aufgabe, dieses Briefing angemessen fundiert durchzuführen. Und da kommt es wesentlich darauf an, welche Vorerfahrungen sie mit dem
Thema Veränderungs-Management haben und wie gut
sie die Dynamik des Projektes einschätzen können.

So oder so geht es immer um beide Ebenen:

- Faktenlage: WAS ist der Auftrag, was konkret soll
  verändert werden?
- WIE lässt sich die Veränderung am besten auf den
  Weg bringen? Welche Wirkmechanismen gibt es im
  Unternehmen, die man nutzen kann oder die die
  Veränderung behindern können? Wen muss man
  wie bewegen und einbeziehen, um erfolgreich zu
  sein?

Und immer spielt der Faktor Zeit eine wesentliche Rolle.

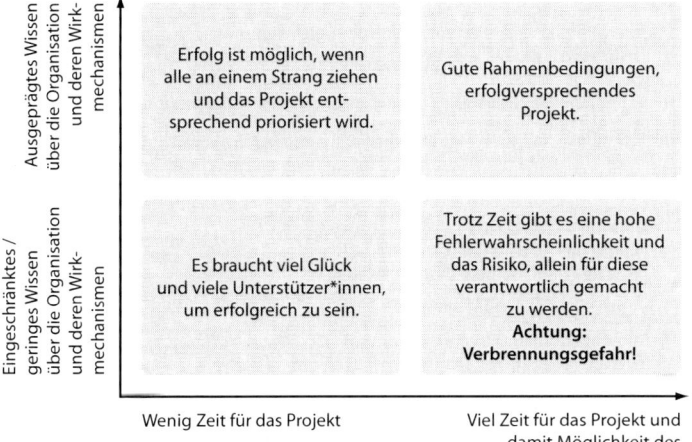

Was tun Führungskräfte und ihre Berater*innen, um den Erfolg zu gewährleisten, wenn Zeit und Wissen kritische Faktoren sind?

- Bei wenig Zeit und wenig Wissen:
  Projekt nicht starten. Das Glück-Pech-Prinzip ist keine gute Projektvoraussetzung!

- Bei wenig Wissen über die Organisation und deren Wirkmechanismen und viel Zeit für das Projekt: Lernkurve ermöglichen, am Anfang noch mehr Ressourcen in die Situations-Analyse stecken. Von Anfang an Bündnispartner*innen gewinnen, die unterstützen und das Projekt mittragen. Besonders in dieser Situation ein Umsetzungsteam bilden, das alle relevanten Bereiche einbezieht.

– Bei wenig Zeit und ausgeprägtem Wissen über die Organisation:
   Energie bündeln, Prioritäten kommunizieren und die Stakeholder davon überzeugen, für Verständnis werben, alle am Erfolg partizipieren lassen: Es ist unsere gemeinsame Leistung!

Veränderungsdruck der Organisation

Warum soll sich eine Organisation verändern und viel Kraft und Energie investieren, wenn es gar keine Notwendigkeit dafür gibt? Das wäre Unsinn! Es sei denn, es kündigt sich etwas am Horizont an, und das Unternehmen ist gut beraten, sich frühzeitig auf diese neue Situation einzustellen. Es lebe die Weitsicht! Oder die internen Prozesse und Strukturen sind irgendwann so wenig zielführend, dass etwas getan werden muss. Manchmal ist die Zeit auch einfach noch nicht reif für ein Projekt.

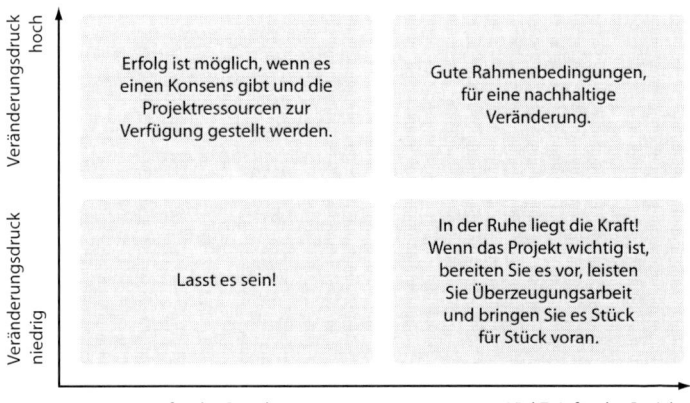

Der Veränderungsdruck, die Motivation im Unternehmen, etwas voran zu bringen und die Zeit und Ressourcen dafür müssen eine Entsprechung haben, sonst wird das Projekt nicht erfolgreich. Das ist für alle Beteiligten – Berater*innen (seien sie intern oder extern), Auftraggeber*innen – gleichermaßen kritisch.

Gemeinsamkeit der Interessen

Wie wäre das Leben schön, wenn alles immer in trauter Harmonie ablaufen würde. In jedem Unternehmen gibt es

- übergreifende strategische Interessen
- singuläre Bereichsinteressen
- persönliche (Karriere-) Interessen

Sie alle wollen ausbalanciert werden, und wenn das nicht möglich ist, klärt man sie und trifft – manchmal harte - Entscheidungen.

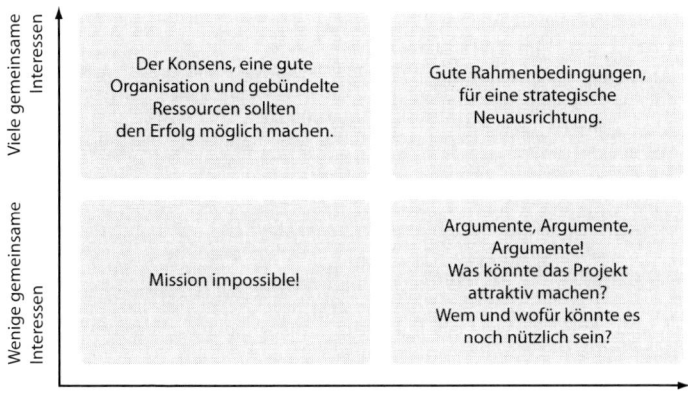

Es fällt häufig nicht leicht, die unterschiedlichen Interessen klar zu bekommen, und sie sind nicht immer transparent, weder für die Auftrag-gebende Seite noch für die beratenden Change-Agents oder Projektleiter*innen. Das einzige, was hilft, ist wiederum Zeit in die Klärung der Interessen zu stecken und lieber eine Diskussion mehr dazu zu führen: Wer will eigentlich was und wem hilft was? Wie sorge ich für viele erfolgreiche Beteiligte aus den verschiedenen tangierten Bereichen? Im Idealfall bekommt jede und jeder »ein Stück vom Erfolgs-Kuchen ab«!

Veränderungsfähigkeit der Organisation

Je nach Unternehmensgeschichte sind die Mitarbeiter*innen und die Führungskräfte unterschiedlich erfahren und eingestimmt auf Veränderung. Auch heute gibt es noch viele Unternehmen, die wenige Disruptionen durchlebt haben oder deren Geschäft über die letzten Jahre oder gar Jahrzehnte sehr stabil verlaufen ist. So musste eben mit eher weniger Veränderung umgegangen werden. Die Fähigkeit, das eigene Tun in Frage zu stellen und ständig an neue Herausforderungen anzupassen, ist dann geringer ausgeprägt: »Wie – ich muss mich verändern? Warum das denn?«

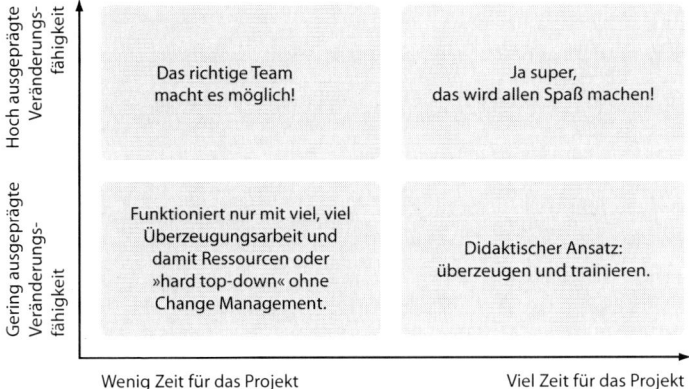

Das bedeutet, denjenigen, für die Change ein neues Thema ist, den Raum zum Lernen zu geben, sonst ist die Organisation überfordert und die Stakeholder gehen nicht mit: Widerstand entsteht!

Natürlich interagieren die Faktoren

- Wissen über die Organisation
- Veränderungsdruck
- Gemeinsamkeit der Interessen und
- Veränderungsfähigkeit

miteinander. Sie alle gemeinsam spielen bei der Bewertung eines Projektes und dessen Erfolgswahrscheinlichkeit eine Rolle. Und ein Projekt ist immer im Fluss, die Konstellation kann sich verändern.

Für die Auftragsklärung ist die Kenntnis dieser Rahmenbedingungen essentiell. Sie beeinflussen den Zeitaufwand, die Art der Projektkommunikation und die Überzeugungsarbeit, die geleistet werden muss.

3. Welche Change-Manager*in passt zu welchem Unternehmen oder Projekt?

Die Anschlussfähigkeit ist ein wichtiges Thema – nicht jede*r Berater*in passt zu jedem Unternehmen oder Projekt. Das gilt ebenso für Interne. Die eigene Persönlichkeit, die eigenen Werte, Überzeugungen und Glaubenssätze passen nicht zu jeder Organisation und zu jeder Fragestellung. So prüfe sich selbst, wer sich – für eine Weile – an eine Organisation oder Change-Aufgabe binden will (s. a. Kotter 2018).

Dies gilt gleichermaßen für alle internen Mitarbeiter*innen an einem Change-Projekt. Sie müssen sich diese Frage im Grunde genauso beantworten: Bin ich für dieses Thema gut als treibende Kraft?

Und das gleiche gilt für die betrieblichen Entscheider*innen, wenn es um die Auswahl der Beratung geht: Die fachliche Kompetenz ist das eine, die Persönlichkeit der Beratenden, die ich an Bord hole, das andere. Wobei sich hier neben der kulturellen Passung auch die Frage stellt, wieviel »Anders-Sein«, neue Impulse, vor allem auch In-Frage-Stellung der eigenen Haltungen und Wertvorstellungen durch die Beratung hilfreich und produktiv sind, um Veränderung voranzubringen.

Wie lässt sich prüfen, ob es eine gute Passung zwischen Unternehmen und Change-Manager*in gibt? Im Zweifelsfall entscheidet natürlich das Unternehmen selbst, ob es eine bestimmte Beratung »einkaufen« möchte oder nicht. Nur: Auch Unternehmen können sich darin irren! Gut ist natürlich zu wissen, WARUM eine Arbeitsbeziehung zustande kommt und warum nicht oder mit welchen speziellen überfachlichen Fähigkeiten man einer Organisation weiterhelfen kann!

Meine Hypothese lautet: Wenn ein*e Change-Manager*in ganz genauso ist wie das Unternehmen, dieses sich jedoch verändern möchte, dann ist sie nicht die richtige Person. Wenn die Beratenden den Gegenpol zum Unternehmen darstellen, dann wahrscheinlich genauso wenig, beide Seiten sind zu unterschiedlich aufgestellt. Irgendetwas dazwischen sollte es sein, um eine gute Anknüpfung und den Anreiz zur Veränderung zu gewährleisten, sonst sind beide sich zu ähnlich oder zu fremd.

Die folgende Liste an Kriterien ist als Orientierung gemeint. Sie dient der Anregung und Reflexion. Sie können die Tabelle nutzen, um zum einen die Kreuze für sich persönlich als Berater bzw. Beraterin zu setzen und zum anderen für das Unternehmen, das Sie unterstützen sollen oder wollen und selbstverständlich umgedreht aus der Sicht des Managements. So sehen Sie die Übereinstimmungen und die Unterschiede.

Viel Spaß dabei!

	1	2	3	4	5	6	7	8	9	
Hierarchie										Delegation, Autonomie
Prozessorientierung und Struktur										Flexibilität
Hohe Veränderungsrate und Offenheit für Neues										Stabilität, Kontinuität und Tradition
Feedback-/ Fehlerkultur										Feedback-Vermeidung
Konfliktklärung										Konfliktvermeidung
Viel Mikro-Politik										Wenig Mikro-Politik
Interner Wettbewerb										Teamorientierung
Arbeitsbeziehungen auf Augenhöhe										Arbeitsbeziehungen basierend auf Unterordnung

Hierarchie versus Delegation und Autonomie

Wie hierarchisch ist das Unternehmen aufgestellt? Soll dieses Führungsprinzip so belassen oder soll es verändert werden? Wieviel Hierarchie brauche ich selbst bzw. wieviel Hierarchie kann ich als Berater*in aushalten? Ist Hierarchie – von der eigenen Haltung her – etwas Positives und Strukturgebendes, oder wird Hierarchie als negativ, einengend, die eigene Handlungsfreiheit stark einschränkend bewertet? Wie neutral, frei von Glaubenssätzen kann ich mit Hierarchie umgehen? Bekomme ich bei zu viel Hierarchie Beklemmungen, oder empfinde ich Hierarchie als klärend und komfortabel? Externe Berater*innen müssen mit der Hierarchie-Ausprägung des Unternehmens, das Sie beraten wollen, erst einmal leben können, sonst laufen Sie davon. Das Unternehmen wiederum muss für sich entscheiden, wieviel »Irritation«, In-Frage-Stellung es vom externen Change-Agent braucht oder verträgt. Möchte man sich dem aussetzen oder nicht? Es ist ja nicht immer bequem!

Prozessorientierung und Struktur versus Flexibilität

Zunächst ist ja die Frage: Was ist der Auftrag? Prozesse und Strukturen einführen einerseits oder mehr Flexibilität und Freiheitsgrade im Handeln andererseits? Was braucht das Unternehmen in der Zukunft? Wie stark ist es von der Vergangenheit geprägt? Und wieder die Reflexion für beide Seiten, die Auftrag-gebende und die Auftrag-nehmende: Wo stehe ich persönlich? Wie ist meine Haltung dazu? Wie kann ich mich mit meinen Werten hier einbringen?

Hohe Veränderungsrate und Offenheit für Neues versus Stabilität, Kontinuität und Tradition

Es gibt Unternehmen, die allein aufgrund der Markt- und Konsumentenanforderungen ihre Produkte häufig verändern müssen. Schnelle Trends beeinflussen das Geschäft. Oder es ist schlichtweg die technische Innovationsrate des Produktes, die den Betrieb treibt. Andere wiederum haben sehr viel langsamere Innovations-Zyklen und damit Veränderungsraten. Das hat Einfluss auf die Unternehmenskultur und die Prozesse. Entscheidungen werden schneller oder langsamer getroffen. Die Frage stellt sich vor allem für die Beratung: Wo stehe ich, was liegt mir mehr, welches Business entspricht meiner Persönlichkeit?

Feedback- und Fehlerkultur versus Feedbackvermeidung

»Feedback ist ein Geschenk«, heißt es so schön. Das gilt nicht für jede*n. Außerdem macht natürlich der Ton die Musik. Einige Unternehmen haben Feedback gelernt, andere scheuen offenes Feedback wie »der Teufel das Weihwasser«. Hier kann man mit einem eher offenen Umgang mit Feedback gewaltig in die Fettnäpfchen treten. Für die Beratung: Wie bin ich als Person gestrickt? Was kann ich aushalten? Und inwiefern ist dieser Aspekt Teil des Beratungsauftrages? Für das Unternehmen: Was will ich implementieren, was ist eine wichtige neue Haltung für die Unternehmensentwicklung?

Konfliktklärung versus Konfliktvermeidung

Wie geübt ist das Unternehmen im Umgang mit Konflikten? Hält es sie aus, klärt es sie, oder landen sie

eher unter dem Teppich und stauben, schimmeln oder
rumoren vor sich hin? Wie viel Aufgeräumtheit brauche ich, oder kann ich Konflikte ruhig auch eine Weile
schmoren lassen, bevor ich sie löse oder zur Lösung
beitrage? Und für das Unternehmen wieder die Frage:
Soll die Weiterentwicklung der Konfliktfähigkeit Teil des
Beratungsauftrages sein?

Viel Mikro-Politik versus wenig Mikro-Politik

Es gibt Unternehmen, die nur aufgrund ihrer mikropo-
litischen Beziehungen funktionieren: Ohne »Strippen
ziehen« und »Connections« geht gar nichts. Häufig ist
dies verknüpft mit einer weniger klar ausgeprägten
Leistungsorientierung: Wofür wird ein*e Mitarbeiter*in
honoriert und erntet Erfolg und Anerkennung? Für
die Leistung (klare Währung) oder für die Stellung in
der Beziehungskonstellation des Unternehmens? Die
Fragen für die Beratungsseite: Wieviel davon halte ich
aus? Oder macht es mir gar Spaß, mit an den Strippen
zu ziehen und zu schauen, welche Effekte ich erzielen
kann? Das kann ja auch ein ganz amüsantes Spiel
sein, ist aber natürlich Geschmackssache! Wenn zu viel
Mikropolitik Magenbeschwerden hervorruft, dann ist
es nicht das passende Tätigkeitsfeld. Es sei denn, das
Unternehmen hat erkannt, dass die Arbeitsweise auf die
Dauer nicht gesund und effizient sein kann, dann passt
diese Beratung vielleicht schon dorthin. Für das Unternehmen ist das der Blick in den Spiegel: Welches sind
meine internen Wirkmechanismen, und wie funktional

sind sie für die Zukunft? Möchte ich sie beibehalten
oder verändern?

Interner Wettbewerb und Konkurrenz versus Teamorientierung

Unternehmen leben das Thema Wettbewerb sehr unterschiedlich. Nach außen hin ist es klar, dass Wettbewerb
ein Grundprinzip ist: Man will besser und erfolgreicher
sein als die Konkurrenz. Nach innen hin wird das »In-
strument Wettbewerb« sehr verschieden praktiziert:

-   innerhalb von Teams, d. h. individuell stcht jede*ı
    im Wettbewerb zu den anderen
-   zwischen Abteilungen
-   zwischen Bereichen
-   zwischen Geschäftseinheiten

Wettbewerb kann gesund sein, das natürliche Messen
aneinander kann und sollte Verbesserung befördern. Es
kann aber auch ungesund werden, indem gegenseitige
Unterstützung verweigert wird, möglicherweise überge-
ordnete Prozesse nicht mehr funktionieren, gegenseitige
Hilfe in Engpass-Situationen nicht mehr angeboten und
der Gesamtorganisation letztendlich Schaden zugefügt
wird. Es ist eben alles eine Sache der Balance. Für
die Beratung: Wie sehr bin ich Teamplayer, wie sehr
Individualist*in? Wie sind meine Werte und Grundhaltun-
gen hier ausgeprägt? Wie vereinbar sind diese mit dem
Wettbewerbsniveau des betreffenden Unternehmens? Für

das Unternehmen: Welche Form der Zusammenarbeit ist die produktivste für die Zukunft, und welchen Beitrag soll an dieser Stelle das Veränderungsprojekt leisten?

**Arbeitsbeziehungen auf Augenhöhe
versus Arbeitsbeziehungen basierend auf Unterordnung**

Was das hierarchieübergreifende Arbeiten betrifft, leben Unternehmen und die Akteure*innen in ihnen es sehr unterschiedlich. Zunächst einmal sind Hierarchien ein Bestandteil der meisten größeren Organisationen (mit Ausnahme von Netzwerk-Organisationen, die so gut wie ohne hierarchische Beziehungen auskommen, s. a. Laloux 2017). Die Frage ist, ob daraus ein hierarchie-orientierter Führungs- und Zusammenarbeitsstil entsteht, frei nach dem Motto: keine Entscheidung ohne mich, alle Informationen über meinen Tisch... oder ob eher die Logik vorherrscht: Jede*r hat seine bzw. ihre Aufgabe, jeweilige Expertise und Verantwortung am eigenen Platz und wird dafür wertgeschätzt. Das heißt, wie wird Hierarchie auf der Ebene der Arbeitsbeziehungen gelebt? Ist ein hierarchieübergreifender Dialog auf Augenhöhe möglich und gewünscht oder nicht? Wie will sich das Unternehmen hier weiterentwickeln?

Das eine oder das andere muss einem liegen bzw. muss man akzeptieren können. Entsprechend passt der Change-Agent zur Organisation bzw. dem geplanten Veränderungsprojekt oder auch nicht.

Bei allem Veränderungsbedarf muss es »kulturelle Ankerpunkte« geben, sonst ist die Fremdheit zwischen Unternehmen und Beratung zu groß. Dann macht es »in der
Chemie auch nicht klick«, Beratung und Unternehmen
passen nicht zusammen.

Wie gesagt: Diese Punkte dienen der Reflexion. Je
kongruenter Sie sie für sich beantworten können – d.h.
jeweils Beratung und Unternehmen – umso mehr Freude
werden Sie am gemeinsamen Change-Projekt haben!

4. Change-Stories –
Geschichten aus dem Leben...

Und nun, nach den Überlegungen zur Auftragsklärung und zur Passung zwischen Change-Agent und Organisation, kommen wir zum Lesebuch und zu den Geschichten, die sich in verschiedenen Unternehmen in der Praxis zugetragen haben. Sie alle beruhen auf Erfahrungen, die viele Kollegen*innen so oder ähnlich gemacht haben. Natürlich sind die Geschichten anonymisiert: Es geht nicht um den einzelnen Fall, sondern darum, was er uns zeigen kann.

Die folgenden Faktoren von Change und dessen Gelingen sind aus der Praxis »heraus-destilliert« worden. Es sind Aspekte, die ich für wichtig halte:

1. Ist die Veränderung wirklich gewollt, oder sind die Akteure*innen nur mit halber Energie und Überzeugung dabei?

2. Bringt die Veränderung wirklich eine Verbesserung und damit die Akzeptanz der betroffenen Bereiche?

3. Wieviel Geduld und Behutsamkeit ist erforderlich, um alle gut mitzunehmen?

4. Sind die Interessen auf den unterschiedlichen Ebenen immer wieder sortiert und geklärt worden?

1. Wollt ihr das wirklich?

Es gibt eine Reihe von Change-Prozessen, die enthusiastisch beginnen und dann versanden. Wie auch immer setzt sich der alte Trott wieder durch, die althergebrachten Verhaltensweisen sind zu stark, es geht weiter wie bislang. Von daher stellt sich die Frage an die Auftraggeber*innen: Ist die Veränderung wirklich gewollt, steht das Unternehmen oder das Führungsteam dahinter, und ist das Interesse an der Veränderung groß genug?

Und im Idealfall: Es gibt einen Enthusiasmus und die Überzeugung, das richtige zu tun! Da existiert die Vorstellung oder eine »Vision« davon, wie es sein wird, wenn sich alles verändert hat. Und alle sind bereit, viel Zeit und Energie zu investieren! Das Change-Projekt energetisiert die Organisation, es setzt Ressourcen frei, die sich sonst irgendwohin verkrümelt hätten und nie freigesetzt worden wären. Es ist viel leichter, sich für eine konkrete und positive Zukunft einzusetzen als sich – ohne Vision – aus einer schwer zu ertragenden Gegenwart heraus zu retten, ohne eine genaue Vorstellung davon zu haben, wie es künftig besser laufen soll.

Wie anstrengend ist es, immer nur über die aktuell schwierige Situation zu diskutieren und darüber, dass es so nicht weitergehen kann. Nicht nur dass sich etwas verändern muss, sondern wie der künftige Zustand aussehen soll, ist wichtig zu wissen.

Starten wir mit einer ersten Geschichte:

Geschichte 1: Ein starkes mittleres Management kann ein Unternehmen verändern

Michael T. war Projektleiter in einem mittelständischen Unternehmen der Metallindustrie. Er arbeitete seit vier Jahren in dem Betrieb. Seine Aufgabe beinhaltete System- und Technologie-Verbesserungen, und sie machte ihm viel Spaß. Allerdings stieß er immer wieder an Grenzen: Singuläre Technologieveränderungen waren möglich, aber es hakte auch am großen Ganzen, am Produktionsdesign und an der Ablauforganisation.

Er führte viele Gespräche – im Kollegen*innenkreis, mit seinem Vorgesetzten – und Stück für Stück setzte sich die Erkenntnis durch, dass sie etwas tun mussten und auch wollten. Sie entwickelten den gemeinsamen Ehrgeiz, IHRE Produktion auf neue Füße zu stellen, State of the Art zu sein, kein Mittelmaß. Es sollte RICHTIG GUT werden.

Traditionell war die Produktion in diesem Unternehmen immer eher der »bad guy«: Sie waren diejenigen, die die Leistung nicht bringen und die Kunden*innen am Ende nicht zufrieden stellen konnten, sei es hinsichtlich der Qualität oder hinsichtlich der Termintreue. So jedenfalls verliefen die internen Diskussionen und Schuldzuschreibungen.

Zufällig hörte Michael T. bei einem externen Arbeits-
kreis-Treffen einen spannenden Vortrag über neue
Produktionskonzepte und sprach die Referentin an.
So entstand ein Kontakt und eine Projektidee: die
Produktionsprozesse zu analysieren und eine neue
Ablauforganisation einzuführen.

Es kostete viel Zeit und viele Argumente, die Unter-
nehmensleitung zu bewegen, sich dem Projekt nicht zu
verschließen. Auslösend war am Ende, dass es möglich
war, mit einem kleinen Budget an externer Beratung zu
arbeiten und einfach viel selbst zu machen. Es ging ja
auch nicht um große Investitionen in neue Maschinen
oder Anlagen. Das Vorhandene sollte anders genutzt, in
einen anderen Ablauf gebracht werden. Das Risiko am
Ende war klein. So gab es einen Vertrauensvorschuss
und das finale »GO« der Geschäftsführung.

Das Leitungs-Team der Produktion konnte sich auf den
Weg machen. Unterwegs gab es natürlich Stolpersteine,
einige Führungskräfte mussten immer wieder überzeugt werden. Und natürlich gab es im Laufe der Zeit
auch kritische Fragen vom Top Management: Bringt
das wirklich den gewünschten Fortschritt, und warum
dauert das so lange?

Das Projekt-Team ist bei der Stange geblieben. Das Projekt wurde nach drei Jahren – sicherlich mit Höhen und
Tiefen – erfolgreich abgeschlossen. Die Durchlaufzeiten
und damit die Produktionskosten konnten signifikant

gesenkt werden. Die Produktion wurde viel flexibler, und die interne Zusammenarbeit verbesserte sich. Der Produktionsbereich kam aus der »Schmuddelecke« heraus und gewann ein ganz anderes Standing im Unternehmen. Davon profitieren jetzt alle.

Entscheidend war, dass das Projektteam von seiner Idee der »Produktion der Zukunft« überzeugt war, eine klare Vorstellung davon hatte, was besser werden würde, beharrlich dabei blieb und sich bei Reibungen und Widerständen immer wieder gegenseitig stützte (s. a. Sinek 2011).

In dieser Geschichte hat das Projektteam etwas verändert, nämlich die Abläufe in der Produktion. Damit hat das Team aber auch sich selbst und die Menschen dort verändert. Neue Prozesse beinhalten und brauchen neue Verhaltensweisen, ein Umlernen und eine andere Praxis.

Schauen wir uns dazu eine weitere Geschichte an.

Geschichte 2: Wenn alle Gewinner sind

Karin A. wechselte an einen anderen Standort eines Unternehmens der Elektroindustrie und übernahm dort die Leitung des HR Teams. Sie bekam den Auftrag, das bestehende HR Business Partner-Konzept zu evaluieren und weiter zu entwickeln: Wie sollen die Führungskräfte und die Mitarbeiter und Mitarbeiterinnen künftig

vom Personalbereich betreut werden, welches Bera-
tungsangebot soll es geben (s. a. Ulrich 2012):

- im Recruitment

- in der laufenden Betreuung

- in der Personalentwicklung

- in der Organisationsentwicklung

Das Ziel bzw. die künftige Organisationsvariante
waren offen, hier hatte Karin A. alle konzeptionellen
Freiheiten. Noch kundenorientierter sollte es werden,
das war das Credo.

Sie sprach mit den HR Mitarbeitern*innen, erfragte
deren Sicht auf das HR Business-Partner-Konzept und
darauf, was sie sich denn selbst ergänzend zu den
jetzigen Aufgaben zutrauen würden: Welche zusätzlichen Themen in der Betreuung und Beratung der
Führungskräfte und der Mitarbeitenden könnten sie
sich vorstellen zu übernehmen, um ihr eigenes Dienst-
leistungsportfolio zu ergänzen und die Führungskräfte
noch ganzheitlicher zu begleiten?

Ergebnis war, tatsächlich einen Teil der Personal- und
Organisationsentwicklungsaufgaben in die HRBP-Rolle
zu integrieren und damit zu einer noch umfassende-
ren Beratung der internen Kunden und Kundinnen zu
kommen. Einige Gespräche mit dem Business bestä-
tigten das Konzept, die Führungskräfte fanden es gut.
Ergänzend baten sie noch um eine intensivere Unter-

stützung in der Personalgewinnung, vor allem bei der Kriterien-geleiteten Auswahlentscheidung.

In einer Teamrunde wurde der neue Ansatz besprochen und anschließend der Qualifizierungsbedarf abgefragt. Nicht alle Kollegen*innen waren gleichermaßen auf die hinzukommenden Aufgaben vorbereitet. Der eine oder die andere hatte doch ein etwas mulmiges Gefühl hinsichtlich der neuen Herausforderungen: Kann ich das schaffen?

Doch es wurde ein Qualifizierungsfahrplan entwickelt und implementiert, niemand sollte einfach so ins kalte Wasser springen müssen. Stück für Stück wuchs das HR-Team in die neuen Aufgaben hinein. Zudem gab es immer die Möglichkeit – je nach Herausforderung und Komplexität des Themas – alleine loszulegen oder sich begleiten zu lassen. Karin A. stand als Coach für ihr Team zu Verfügung. Anfängliche Ängste verflogen, Selbstsicherheit entstand. Die erweiterte Rolle »flog«, die internen Kunden*innen waren zufrieden, das HR-Team auch!

Selten gelingt ein Change-Prozess so reibungslos: Alle im Team sahen für sich einen Gewinn. Alle wollten die Weiterentwicklung, haben den Bedarf gesehen und konnten in ihrem Tempo in die erweiterte Aufgabenstellung hineinwachsen. Es gab so gut wie keinen »Widerstand«. Das heißt, die Mitarbeiter*innen wollten etwas verändern und auch sich selbst. Erfolgskritisch war, dass jede*r im

eigenen Tempo in die neuen Aufgaben hineinwachsen
konnte. Die Kollegen*innen bekamen die Zeit dafür. Zusätzlich gab es immer kollegiale Unterstützung im Team
und von der Führungskraft!

In beiden Fallbeispielen wollten die Beteiligten die bestehende Praxis verändern. So fiel der Apfel vom Baum, weil
er reif war und das Team gemeinsam geschüttelt hat.

2. Veränderung muss das Leben leichter und besser machen

Eigentlich ist das ja eine Banalität: Warum sollte man
viel Mühe und Arbeit in ein Veränderungsprojekt stecken,
wenn das Leben hinterher nicht leichter und besser wird.
Das ergibt doch gar keinen Sinn! Leider ist es manchmal
so, dass sich der Effekt von Veränderung nicht immer so
klar abschätzen lässt oder man schlichtweg das Potenzial
des Projektes überschätzt. So ist es im folgenden Beispiel
aus der dritten Geschichte geschehen.

Geschichte 3: IT muss die Arbeit leichter machen

Rainer T. ist in der IT-Abteilung eines größeren Unternehmens der Nahrungsmittelindustrie beschäftigt
und als Projektleiter beauftragt, eine HR-Software zum
Talent-Management einzuführen. Das System erlaubt
es, die Kompetenzen und das Potential der Mitarbeitenden nach vorgegebenen Kriterien zu bewerten und

Vorschläge für die Nachfolge von Schlüsselpositionen zu machen. Er findet die IT-Lösungen in diesem Bereich spannend. Und es ist mal etwas Neues – ein komplett anderes Gebiet als das, welches er sonst betreut. Außerdem denkt er sich: Vielleicht habe ich selbst einmal etwas davon! Meine Chefin muss mich ja auch eingruppieren und mein Potenzial einschätzen.

So unterstützt er mit Elan den Personalbereich bei der Implementierung, bereitet das Customizing der Software vor und entwickelt die Trainingsunterlagen. Bei den Trainings selbst, die er zusammen mit dem Personalbereich durchführt, läuft noch alles ganz gut. Alle scheinen offen für die neue Anwendung zu sein. Die Teilnehmer*innen sind Führungskräfte, aber auch deren Assistentinnen, die vor allem die System-Eingaben zu den Mitarbeitern*innen übernehmen werden.

Nach einem halben Jahr sitzt er mit der Personalerin, die mit ihm gemeinsam die Einführung begleitet hat, in der Kantine zum Mittagessen. Das nutzen sie ab und zu zum Austausch. Frustriert berichtet sie von der neuen Software und davon, dass die Führungskräfte sie einfach nicht nutzen. Die Eingaben zu den Mitarbeitenden werden nicht gemacht, keiner kümmert sich, bis auf wenige Ausnahmen. Warum nur?

Die Antwort lautet: Niemand hat Zeit dafür, die Angaben je Mitarbeiter bzw. Mitarbeiterin sind zu umfang-

reich und detailliert, die Software ist nicht nutzungs-
freundlich genug und nicht intuitiv anwendbar. Die
Führungskräfte ziehen es vor, im Dialog mit ihrer HR
Business Partnerin zu reflektieren, wo wer steht, wer
welche Nachfolge übernehmen könnte und was dafür
an Personalentwicklungsmaßnahmen sinnvoll ist. Und
das lässt sich aus deren Sicht auch »einfacher« in einer
Word- oder Excel-Liste abbilden.

Die gemeinsame Reflexion und Kommunikation kann
man hier eben nicht ersetzen, zumindest nicht in diesem Unternehmen. Das muss aber nicht immer gelten,
jede Führungs- und Unternehmenskultur ist anders
und braucht andere Medien oder Mittel für die HR-
Prozesse.

Schauen wir uns zur Sinnhaftigkeit von Veränderung ein
weiteres Fallbeispiel an.

Geschichte 4: Eine klare Sache

Im Sales-Team eines mittelständischen Unternehmens
der Metallindustrie war das Key Account Management-
Konzept in die Jahre gekommen. Es gab einen Generationswechsel, der bisherige Sales-Leiter ging in den
Ruhestand, und ein Neuanfang war möglich.

Markus L. bekam die Führungsaufgabe angetragen
und gleichzeitig den Auftrag, die Organisation neu zu
strukturieren. Das war für ihn eine großartige Heraus-

forderung. Er freute sich sehr, das Team nach seinen Vorstellungen ausrichten zu können.

Er sprach mit den Kollegen*innen, entwickelte zwei Konzeptvarianten mit ihren jeweiligen Vor- und Nachteilen und präsentierte sie seiner Chefin. Schnell kamen sie zu einem Konsens. Anschließend holte Markus L. das Team an Bord, und es gab keine großen Diskussionen. Die neue Struktur erschloss sich logisch aus den neuen Anforderungen auf der Kundenseite, und die Sales-Mitarbeiter*innen mit ihren Potenzialen fanden ihren Platz. »Smooth and easy« wurde das neue Konzept implementiert.

Ein klarer Auftrag, die Unterstützung der Chefin, ein Projektleiter, der etwas bewegen möchte und seine Chance sieht, eine sehr deutliche Anforderung auf Markt- und Kundenseite, die logische Ableitung der Struktur aus diesen Anforderungen sowie Mitarbeitende, die sich gut in der neuen Struktur wiederfinden. Dann fliegt das Projekt – so soll es sein! Alle ziehen an einem Strang.

Ein wichtiges Learning daraus ist: Die Menschen müssen es wollen und einsehen, es muss ihnen etwas bringen. Sonst erzeugen wir Prozesse oder Systeme, die bei ihrer Einführung schon wieder überarbeitungsbedürftig sind.

Das zeigt sich auch in der fünften Geschichte.

Geschichte 5: Den Mehrwert aufzeigen

Thea B. arbeitete als Personalentwicklerin in einem größeren Unternehmen der kunststoffverarbeitenden Industrie. In den vergangenen Jahren hatte sie sehr erfolgreich ein Führungskräfte-Entwicklungs-Programm für Meister*innen in der Produktion implementiert und ein weiteres Programm für Teamleiter*innen in der Forschung. Mit diesen lokalen Initiativen hatte sie sich einen Namen gemacht und wurde nun gebeten, ein globales Programm für den Konzern aufzusetzen.

Sie war sehr stolz darauf und machte ein erstes Konzept. Mit diesem Entwurf ging sie auf verschiedene Führungskräfte zu, um zu testen, ob es trägt und deren Bedarfe trifft. Teilweise stieß sie auf Begeisterung, teilweise jedoch auf viel Skepsis, die so weit ging, ihre generelle Kompetenz zu dem Thema in Frage zu stellen. Eine große Hürde baute sich auf.

Sie verstand die Welt nicht mehr. Was steckte dahinter? Sie sprach mit dem Berater einer der Führungskräfte, der selbst einige Trainings-Programme für Führungskräfte und Spezialisten*innen anbot. Sie diskutierten die Überschneidungen und möglichen Ergänzungen ihrer Konzepte und kamen zu einer guten Lösung. Ab dann lief das Projekt, der Mehrwert der neuen Initiative wurde klar und das bestehende Trainings-Programm nicht in Frage gestellt.

Konzeptionell könnte man auch vom Umgang mit Widerständen sprechen. Thea B. war hier offensichtlich jemandem auf die Füße getreten, der schon einen Teil dessen anbot und abdeckte, was sie auf den Weg bringen wollte. Eine Konkurrenzsituation drohte zu entstehen: ein Führungsprogramm gegen das andere. Das war natürlich nicht ihre Absicht. Man muss eben erst einmal darauf kommen! Als der Mehrwert ihrer Maßnahme und die gute Ergänzung zu bestehenden Programmen herausgeschält waren, waren alle begeistert.

3. Die Dinge wachsen lassen – über Geduld und Behutsamkeit bei der Prozess(beg)leitung

Geduld ist nicht jedermanns Stärke und natürlich ist nicht immer die Zeit dafür da. Trotzdem zahlt sie sich für die Nachhaltigkeit von Veränderungsprozessen absolut aus. In Change-Prozessen hat man ja häufig zwei Seiten der gleichen Medaille zu bedienen:

- den Prozess leiten und steuern, den Projektplan, den man sich vorgenommen hat, einhalten
- den Prozess begleiten und dem Tempo und den Anforderungen der am Projekt Beteiligten folgen

Ein wunderbares Beispiel dafür ist die folgende Geschichte. Es zeigt einmal mehr, dass es ideal ist, wenn die Veränderung aus der Organisation herauskommt – so wie die Beteiligten es für sich wünschen.

Geschichte 6: Das Resultat vorwegnehmen – KPI-Entwicklung

Als Organisationentwickler war Peter B. involviert in die Entwicklung von KPIs (Key Performance Indicators) für die Messung der Performance und der Qualität der Produktion eines mittelständischen Unternehmens des Maschinenbaus. Es sollte eine Liste von Kriterien werden, mit denen man zukunftsgerichtet auch den Fortschritt der Prozessverbesserung messen konnte.

Es wurde eine Arbeitsgruppe mit Kollegen*innen aus den verschiedenen Produktionsbereichen und aus dem Qualitätsmanagement dafür eingerichtet, alles erfahrene Leute, die das Unternehmen und seine Abläufe gut kannten. Es gab viele Sitzungen. Häufig wurden sie auch verschoben, irgendetwas kam immer wieder dazwischen. Das Thema zog sich.

Peter B. insistierte, pochte auf die Zeit, permanent gab es andere Prioritäten. Es war zum Verzweifeln. Peter B. war kurz davor aufzugeben oder das Thema ganz nach oben zu eskalieren. Dann saß das Team wieder einmal zusammen, und eigentlich waren die Kennzahlen fertig. Peter B. dachte: Das ist es jetzt, endlich haben wir das Ergebnis!

Dann gab es doch noch einen Einwand, doch noch einmal die Bitte, einige Details zu überarbeiten. Seine Sicht war: »Das macht doch gar keinen Unterschied!«

Aber ok, dann geben wir dem Thema eine weitere Runde, die sich allerdings wieder zeitlich verzögerte. Eine große Prise Gelassenheit war da schon nötig!

Endlich war es soweit: Die finale Sitzung fand statt, alle nickten das Konzept ab. Und man begann zu messen. Was passierte? Alle Abteilungen in der Produktion erreichten ihre Qualitäts- und Output-Kennzahlen im Bereich von über 96 Prozent. Das heißt, das Ziel war schon längst erreicht. Alle Projektbeteiligten hatten im Laufe der Kennzahlenentwicklung an ihren Prozessen gearbeitet und die Finalisierung der Kennzahlen so weit hinausgezögert, bis sie sagen konnten: Wir sind super, unsere Arbeit, unsere Qualität, unsere Prozesse stimmen. Und alle waren sehr stolz auf sich: Was für eine geheime Agenda!

Manchmal liegt man einfach falsch und denkt: Die wollen nicht mitmachen! Hier war der Weg das Ziel. Niemand wollte das Gesicht verlieren und mit schlechten Kennzahlen dastehen. Im Prozess der Kennzahlen-Entwicklung selbst sind die Stellschrauben für die Verbesserung der Abläufe deutlich geworden, und man hat mit allem Ehrgeiz der Welt an ihnen gedreht: Ein Erfolg auf ganzer Linie!

Auch die folgende Geschichte zeigt, wieviel einfacher es ist, wenn die Veränderung aus der Organisation heraus entsteht und vorangetrieben wird. Es ist immer besser, wenn die »Betroffenen« beteiligt sind und die Möglichkeit erhalten, sich auf ihre Weise zu verändern.

Geschichte 7: Besser, wenn die Betroffenen es selbst machen

Rita T. kam als neue Leiterin des Einkaufs in ein Unternehmen der pharmazeutischen Industrie. Der Einkauf dort war bislang sehr operativ unterwegs und eher ein verlängerter Bestellarm für die Fachbereiche als eine eigenständige Organisation, die den Einkauf strategisch steuert. Zwar gab es Fachverantwortliche für bestimmte Produktgruppen und selbstverständlich Rahmenverträge mit bestimmten Lieferfirmen, doch letztendlich dominierte der permanente Zeitdruck der Fachbereiche den Einkauf und damit die Notwendigkeit, den Preis zu bezahlen, den der Markt gerade in dem Moment diktierte. Prospektive Steuerung konnte nicht gelebt werden.

Wie das drehen? Hinzu kam, dass die Mitarbeiter*innen im Einkauf in eine Opferrolle geraten waren: Die »Bösen« sind die Fachbereiche, wir können ja sowieso nichts verändern! Rita T. sprach mit den Gruppenleitungen – einzeln und dann gemeinsam – und bat sie, aus ihrer Sicht ein Rollenprofil für den Lead-Buyer, den strategischen Einkauf zu entwickeln, so wie es zum Unternehmen passen würde.

Das Ergebnis wurde gemeinsam diskutiert, abgerundet und verabschiedet. Anschließend besprachen die Gruppenleitungen das Lead-Buyer-Profil mit ihren Mitarbeitern*innen. Es gab zunächst Skepsis: Das

klappt sowieso nicht, das nimmt das Unternehmen
uns nie ab! Mehrere Runden waren nötig, um (fast)
alle zu überzeugen. Doch dann gab es einen Konsens,
und das Team entwickelte gemeinsam ein Qualifizie-
rungskonzept. Nun stand das Team dahinter, ein Weg
zum Ziel war aufgezeigt. Natürlich hatten nicht alle
das Potenzial für die neu geschaffenen Positionen,
aber sie vertraten das Konzept und freuten sich auf die
neuen Kollegen*innen, die sie im Einkauf unterstützen
würden.

Hier war Behutsamkeit wichtig. Es ging darum, alle aus
der Opferrolle zu holen und wieder zu Akteuren*innen
des Geschehens zu machen. Das ging nur Schritt für
Schritt.

Mit der zusätzlichen Unterstützung von außen, den
neuen Lead-Buyer-Kollegen*innen, die dann an Bord
kamen, war das Einkaufsteam selbstbewusst genug, auf
die Organisation einzuwirken und neue Prozesse und
Entscheidungsstrukturen zu implementieren.

Das folgende Beispiel soll deutlich machen, dass »die Zeit«
einfach noch nicht gekommen war. Die Dinge müssen
eben manchmal reifen, bis sich ein Zugang ergibt.

**Geschichte 8: Einen Schritt nach dem anderen
und alles zu seiner Zeit**

Lukas M. arbeitete als Change-Manager in einem Projekt zur Verbesserung der Abläufe in der Produktion
eines Unternehmens der Elektroindustrie. Ein Thema
war immer wieder die Unsicherheit der Auftragslage:
Der sogenannte »Forecast«, also die Einschätzung der
Bestellmengen und Bestellzeitpunkte der Kunden*innen,
ließ sich schwer abschätzen. Das machte die Produktionsplanung schwierig, und das wiederum erschwerte es
dem Einkauf, das notwendige Material kostengünstig
und in richtiger Menge zu bestellen.

Die Kommunikation zum Vertrieb war von häufigen
Machtkämpfen und Schuldzuschreibungen geprägt,
und bestimmte Vertriebler*innen trugen quasi die
Eilaufträge ihrer Kunden*innen »per Hand durch die
Produktion«. Das heißt, sie sorgten dafür, dass ihr Auftrag an jeder Produktionsstation vorgezogen wurde, um
ihre Kunden*innen zufrieden zu stellen und pünktlich
zu liefern. Das führte in der Produktion zu erheblichen
Störungen der Abläufe, und Vertrieb und Auftragspla-
nung lagen sich ständig in den Haaren. Und es kostete
Geld, denn eine optimierte Produktionssteuerung mit
geringen Umrüstaufwänden und -zeiten war so nicht
möglich.

Natürlich war niemand wirklich glücklich mit der Situation. Auch der Vertrieb fand diesen Stress auf die

Dauer nicht gut. Außerdem hatte sich bei einem Kollegen schon längst Bluthochdruck entwickelt. So ergaben sich Gespräche und die Idee auf operativer Ebene, einmal einen Workshop miteinander zu machen und zunächst mit einigen Mitarbeitern*innen im Vertrieb zu besprechen, was man denn an deren Zusammenarbeit mit der Produktion verbessern könnte.

Gesagt, getan: Der Workshop wurde geplant, die Kollegen*innen eingeladen, die Pinnwände aufgestellt. Lukas M. freute sich diebisch, dass es ihm gelungen war, beim Vertrieb einen Fuß in die Tür zu bekommen.

Und – was passierte? Am Tag des Workshops wunderte sich der Vertriebschef über die Stellwände. Er fragte nach und sagte nein. Nicht mit ihm abgestimmt, nicht in seinem Sinne, das Projekt in der Produktion hatte mit dem Vertrieb nichts zu tun!

Was passierte als nächstes? Um das Gesicht zu wahren, wurde der Workshop durchgeführt, die Ergebnisse dokumentiert, dem Vertriebschef ausgehändigt und danach geschah erst einmal gar nichts.

Ein Jahr später, das Projekt in der Produktion war erfolgreich abgeschlossen, setzte man sich zusammen – Vertrieb, Produktionsplanung, Fertigungsleitung – und diskutierte systematisch, was man tun könnte, um den Forecast der Kundenbestellungen zu verbessern und die Zusammenarbeit voranzubringen. Von da an ging es voran. Der verbesserte Forecast wurde auch als wesentlicher Faktor für die Kostenoptimierung gesehen und anerkannt und alle machten das Thema zu ihrer Angelegenheit.

Es ist eine »Binsenweisheit« und natürlich klar: Mache nichts ohne Auftragsklärung, du verbrennst dir nur die Finger. Der zweite wichtige Punkt war, dass die Produktion erst die eigenen Hausaufgaben erfolgreich abschließen musste, bevor sie auf die angrenzenden Bereiche zugehen und fragen konnte: Was ist euer Beitrag zur Optimierung des Unternehmens?

Manchmal ist es nötig, behutsam einen Schritt nach dem anderen zu gehen, auch wenn das Geduld kostet und keine großen Sprünge erlaubt. Und es ist eine Stärke, auf den richtigen Moment warten zu können, dann funktioniert das Projekt wie von selbst. Zuviel auf einmal zu wollen, das hilft nicht.

Das nachfolgende Beispiel soll deutlich machen, wie viel einfacher das Leben des Change-Agent bzw. der Führungskraft ist, wenn es aktive Unterstützung aus der Organisation gibt und man eben nicht alles selbst machen muss.

Geschichte 9: Mit Hilfe geht es besser

Julian T. kam für sein Unternehmen der Keramikindustrie als neuer Personalleiter nach M., um dort die Leitung des Teams am Standort zu übernehmen. Für ihn war es ein Karriereschritt und eine große Herausforderung. Sein Auftrag war es, den HR-Bereich voranzubringen und weiter zu professionalisieren.

Die Organisation war von der Anzahl der Mitarbeiter*innen her nicht größer als seine bisherige. Allerdings gab es viele Herausforderungen:

- HR genoss kein gutes Ansehen und wurde nicht als kompetent wahrgenommen.
- Viele HR-Prozesse waren nicht systematisch eingeführt.
- Das Team war nicht aufgestellt für das, was es leisten sollte.
- Es gab einige Teammitglieder, die sich überschätzten.

Für Julian T. war vieles neu, die Kultur am Standort war eine andere als die, die er gewohnt war, und er hatte natürlich noch kein Netzwerk bei den Führungskräften. Jedoch hatte er Glück: Es gab einen Kollegen im Team, den er von früher gut kannte und der ihn schätzte. So hatte er einen Bündnispartner und Kenner der Situation. Mit ihm gemeinsam war eine solide Einschätzung in kurzer Zeit möglich.

Sie machten eine Bestandsaufnahme:

- Herausforderungen des Business: Was braucht das Unternehmen vom Personalbereich?
- Wie können die entsprechende HR-Organisation und die neuen Rollen gestaltet werden?
- Wer sind aktuell die Potentialträger*innen im HR-Team, und wer passt wie zu den neuen Anforderungen des Unternehmens?
- Wie könnte der Weg zum Ziel aussehen?

Sie präsentierten den wichtigsten Stakeholdern auf der Business-Seite ihr Konzept, zunächst in Einzelgesprächen, später dann in einer Management-Präsentation vor dem Leitungsgremium des Standortes. So bekamen sie stückweise Feedback und konnten noch Anregungen aufnehmen. Die Zustimmung im Leadership-Team war dann der krönende Abschluss. Sie hatten nun das Business abgeholt und überzeugt.

Dann sprach Julian mit den Kollegen*innen, von denen er wusste, dass sie den neuen Weg nicht schaffen oder mitgehen würden. Konfrontiert mit den neuen Rollenanforderungen, zogen ein Kollege und eine Kollegin die Konsequenz und verließen die Organisation. Der Arbeitsmarkt war gut, von daher hatten sie die Wahl und konnten ihre Karriere in einem anderen Unternehmen fortsetzen. Das war zunächst ein harter Einschnitt in die HR-Organisation. Julian T. sprach mit den anderen Teammitgliedern darüber und betonte,

dass es um einen guten Weg für beide Seiten ging und
es hier keine »Verlierer*innen« gibt.

Anschließend rekrutierte Julian T. – wieder mit der Hilfe
des Team-Kollegen und dessen Netzwerk – drei neue
Mitarbeiter*innen für den HR-Bereich und konnte an
die Umsetzung seiner Projekte gehen. Mit den Bündnis-
Partner*innen im Team ging alles sehr viel leichter. Sie
fühlten sich in den Neuaufbau der Gruppe einbezogen.
Und zudem war der Auftrag auch klar bzw. das Konzept
mit den entscheidenden Personen vor Ort geklärt und
abgestimmt. Der erforderliche Konsens lag vor.

Für mich sind Behutsamkeit und Umsicht bei all diesen
Beispielen wichtige Begriffe. Es hilft nichts, die Men-
schen zu überrennen. Jedes Team hat sein Tempo, jede
Organisation ihre Veränderungslogik, die sich heraus-
schälen muss. Klar sagt es sich leicht: Man kann nicht
alle mitnehmen! Das stimmt auch. Je höher jedoch der
Anteil derjenigen ist, die aktiv dabei sind, umso besser.
Je besser es gelingt, Bündnis-Partner*innen zu gewinnen,
umso leichter erreicht man Akzeptanz in der gesamten
Organisation.

4. Immer wieder Interessen sortieren

Konfliktäre Interessen können Gift für jeden Change-
Prozess sein. Bei konstruktiver Auseinandersetzung und
einer größtmöglichen Transparenz (wer will hier eigent-

lich was und warum?) können sie zu besseren Lösungen führen. Jedes Interesse hat ja erst einmal seine Berechtigung und einen Grund. Nur: Diese Konfliktklärung muss stattfinden.

Wenn nicht alle im Projekt oder auf der den Auftrag vergebenden Seite an einem Strang ziehen und dahinterstehen, kann es schnell kritisch werden. Den 100-Prozent-Konsens wird man allerdings in den seltensten Fällen erreichen. Und es gibt immer Skeptiker*innen oder diejenigen, die sich nicht entscheiden mögen, lieber »auf dem Zaun sitzen« und abwarten, »auf welcher Seite des Zaunes die Wiese saftiger ist«. Permanente Überzeugungsarbeit und laufende Information müssen Teil jedes Change-Prozesses sein.

Ordnet man ein Change-Projekt, das einen Unternehmensbereich im Fokus hat, in den Gesamtkontext ein, dann gibt es immer unterschiedliche Interessen oder einfach verschiedene Sichtweisen, zum Beispiel:

- Die Produktion will im Rahmen eines Change-Projektes Abläufe systematisieren, verschlanken und Kosten einsparen.

- Der Vertrieb will aber seine »karierten Maiglöckchen« – heißt Ausnahme-Produkte – behalten, um die Kunden glücklich zu machen und darüber ggf. neues Geschäft zu generieren.

- Die Forschung will ihre Innovationen voranbringen und schnell in die Serie gehen.

– Und dem Finanzbereich ist das alles zu kreativ und
   viel zu teuer...

Schauen wir uns die zehnte Geschichte an.

Geschichte 10: Die Bande unter einen Hut bekommen

Christiane T. ist Projektleiterin für die Einführung einer
neuen Produktionssteuerungs-Software im gesamten
Unternehmen, an allen Standorten. Es ist ein großes
und komplexes Projekt, vor allem, weil es aufgrund
der unterschiedlichen Größe der Produktionsstandorte
unterschiedliche Anforderungen gibt.

Natürlich soll die Software im Standard eingeführt
werden. Und das bedeutet, dass die einzelnen Produk-
tionseinheiten ihre Abläufe an das neue System anpassen müssen. Teilweise werden die Abläufe dadurch
komplexer und erfordern mehr Eingaben in das System
als bei der alten Lösung.

Die Produktionsleiter sagen voraus, dass sie dafür mehr
Personal brauchen und ihre Abläufe verlangsamt werden. Und wer will das schon. So gibt es im Projekt viele
Konflikte, teilweise wird es dann auch emotional. Es ist
schwer, einen Konsens herzustellen, und die Strategie,
wer denn den Anfang machen soll mit dem Projekt,
wird immer wieder geändert.

Christiane T. fühlt sich verloren und ist kurz davor, das Handtuch zu werfen. So kann sie einfach nicht effektiv arbeiten. Sie ist ja auch letztendlich nicht die Entscheiderin der Strategie. Das Projekt stockt und Christiane eskaliert das Thema.

Wie geht es jetzt weiter? Das Unternehmen beauftragt eine externe Beratung, die die unterschiedlichen Interessenlagen der Produktionsleiter aufnimmt und gemeinsam mit ihnen in einem Workshop eine neue Vorgehensweise entwickelt. Das Ergebnis ist: Es werden jetzt nicht mehr alle Produktionsstandorte angebunden, sondern nur noch die größeren. Alle kleinen Standorte können mit ihrem bisherigen System weiterarbeiten, müssen allerdings über eine Schnittstelle notwendige Daten übertragen, so dass ein bestimmter Satz an Informationen unternehmensweit und zentral verfügbar ist.

Das ist die Lösung für die nächsten drei Jahre, und danach sieht man weiter, wie sich die Situation entwickelt. Vor diesem Hintergrund wurde die Festlegung des Rollout-Plans ein Kinderspiel.

Nur durch das Sortieren der Interessen, Zuhören und die Konsens-Orientierung konnte ein guter Kompromiss gefunden werden. Das Unternehmen hat viel dabei gelernt.

Das folgende Beispiel zeigt eine Patt-Situation: Die Interessen fliegen in verschiedene Richtungen und lassen sich noch nicht unter einen Hut bringen.

Geschichte 11: Wenn der Druck noch nicht groß genug ist

Stefanie R. kommt als neue Leiterin der Strategieabteilung in ein Unternehmen der IT-Industrie. Das Unternehmen hat sich in den vergangenen Jahren sehr gut entwickelt und ambitionierte Pläne für die Zukunft. Aktuell funktioniert die Firma sehr stark über kleinere, relativ autonome Einheiten mit eigener Ergebnis-Verantwortung. Das erlaubt eine hohe Flexibilität und Reaktionsfähigkeit, andererseits werden keine Synergien generiert, und es ist nicht klar, ob die Profitabilitätspotenziale der Einheiten vor Ort tatsächlich ausgereizt werden. Sie führen eben ein Eigenleben.

Stefanie R. kommt aus Konzernstrukturen mit ausgeprägten Prozessen und zentraler Steuerung. Ihr Auftrag lautet, über zentrale Prozesse Synergien zu heben und insgesamt die Profitabilität des Unternehmens zu steigern. Die Leiter*innen der dezentralen Einheiten verstehen natürlich intellektuell das Interesse von Stefanie R. und haben auch nichts gegen einen zentralen Service und Harmonisierung. Motivational verfolgen sie jedoch ihre eigene Agenda: Sie wollen ihre Handlungsspielräume behalten, fürchten eine zu starke Kontrolle und Lähmung ihrer Organisation vor

Ort, so dass ihre Entscheidungsfreiheit, ihre Reaktions-
geschwindigkeit auf Marktveränderungen und damit
letztendlich ihre Profitabilität sinken.

So entsteht eine »Wasch-mich-aber-mach-mich-nicht-
nass-Situation« im Unternehmen, und das Veränderungsprojekt von Stefanie R. kommt nur langsam
voran. Den besten Hebel für ihr Projekt hat sie noch
nicht gefunden. Erst als bei weiterem Größenwachstum
des Unternehmens offensichtliche Fehlentwicklungen
und Verschwendung von Synergien zutage traten,
konnte in einer gemeinsamen Arbeitsgruppe mit den
Geschäftsbereichs-Verantwortlichen emotionsfrei,
offen und konzeptionell über Zentralisierung versus
dezentrale Funktionen diskutiert werden. Dann startete
das Veränderungsprojekt mit entsprechend positiver
Energie und einer gemeinsamen Vorstellung (»Vision«)
von der Zukunft.

Manchmal ist die Zeit eben noch nicht reif! Noch über-
wiegen Partikularinteressen. Und einfach top-down etwas
einzuführen, ohne alle im Boot zu haben, so dass sie
sich mit ihren Interessen im Projekt wiederfinden, das
funktioniert eben nicht.

Das letzte Beispiel zeigt einen anscheinenden Konsens
– am Anfang. Und am Ende stellt sich heraus, dass dem
nicht so war.

Geschichte 12: Wenn die Stakeholder die spannenden Aufgaben lieber selbst machen

Markus K. kommt als neuer Personalentwickler in eine Konzerntochter in der Elektronikindustrie. Markus K. hat innerhalb des Konzerns gewechselt, für ihn ist es eine Karrierechance. Hier sieht er die Möglichkeit, seine Ideen von moderner Personalarbeit und Personalentwicklung zu verwirklichen und eng mit den Führungskräften zusammen zu arbeiten. Seine Position wurde neu geschaffen, um das Thema Personalentwicklung zu stärken und die Personalleiter*innen und die Führungskräfte dort besser zu unterstützen.

Die Konzerntochter hat mehrere Standorte, die jeweils von einer Standort-Personalleitung vor Ort betreut werden. Am Anfang hat Markus K. den Eindruck, dass es ein harmonisches Team ist, und er fühlt sich gut integriert. Stück für Stück merkt er jedoch, dass er mit seinen neuen Ideen auf Abwehr stößt: »Das kennen wir schon, das machen wir selbst, dafür brauchen wir keine Unterstützung!« Offensichtlich »wurde der Kuchen anders verteilt« als gedacht.

Nach 12 Monaten gibt Markus K. entnervt auf und kehrt in die Konzernzentrale zurück. Der konzeptionelle Teil der Personalentwicklung wird in Personalunion von einem Standort-Personalleiter mit übernommen, der eine große Affinität zu PE hat. Für seine anderen Personalleitungs-Kollegen*innen bleibt genug Raum

für eigene Umsetzungsprojekte vor Ort, die sie auch
sehr gerne wahrnehmen.

Ein Beispiel dafür, dass eine solide Rollendefinition
und Prüfung der Notwendigkeit das »A und O« für Veränderung sind: Es gab letztendlich kein gemeinsames
Interesse an der eigenständigen PE-Rolle. Sie beschnitt
die Personalleiter*innen zu sehr. Das Konzept war nicht
situations-angemessen. Das ist im Laufe des Jahres
deutlich geworden.

Dies ist natürlich auch ein Thema der Nachfolge-Planung:
Warum nicht gleich jemanden aus der Organisation heraus entwickeln
und von vornhe-
rein für eine gute
Ausbalancierung
der Aufgaben
sorgen? Das hät-
te man eigentlich
merken und ent-
sprechend umset-
zen können!

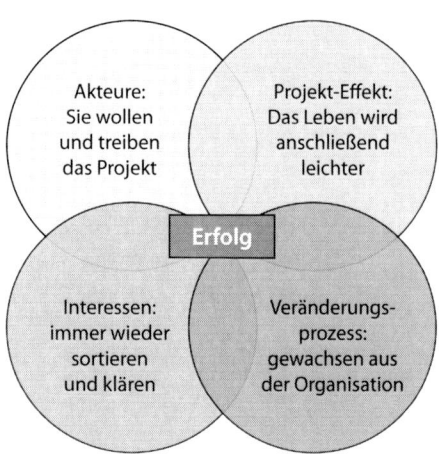

Die Geschichten
über Veränderung
machen plastisch, worauf es unter anderem ankommt,
was wirklich wichtig ist.

Die folgenden vier Kapitel beinhalten Gedanken zur
Qualität von Change-Prozessen: Wann geht es der Or-
ganisation gut damit, und wann geht es dem Change-
Management gut mit dem Prozess?

Auch wenn es manchmal so scheint: Veränderung soll
ja gerade nicht bedeuten, dass man permanent voller
Mühe große Lasten einen Berg hinaufschieben muss. Klar
tut Veränderung manchmal weh oder löst Ängste und
Widerstände aus. Man verabschiedet sich von lieb gewor-
denen Vorgehensweisen und Routinen. Das Neue kann
beunruhigend sein. Oder man schaut in den Spiegel und
denkt: »Was, das habe ich bislang so gemacht oder in der
Weise vertreten? Wie konnte ich nur!« Selbsterkenntnis
ist ja auch nicht immer einfach und bequem.

Im Idealfall setzt Veränderung viel Energie frei, bläst
den Staub davon, befreit und macht Lust auf Zukunft.
So soll es sein!

Dazu also noch einige Gedanken...

5. Ein Kapitel über Vertrauen

Auch dies ist eine Binsenweisheit: Im Change-Prozess spielt das gegenseitige Vertrauen eine riesengroße Rolle:

- Vertrauen der Auftraggeber*innen zum Change-Agent
- Vertrauen innerhalb des Führungs-Teams, das den Auftrag vergibt, vor allem auch das Selbstvertrauen in die eigene Entscheidung
- Vertrauen innerhalb des Change-Teams, das kollegiale Vertrauen untereinander
- Vertrauen von Seiten der Stakeholder, der nicht direkt einbezogenen Bereiche
- Vertrauen der »Betroffenen« in den Bereichen, die sich verändern sollen

Es ist wie ein 360° Feedback.

Vertrauen beruht zum einen sehr stark auf der Person: Menschen »ticken« mehr oder weniger vertrauensorientiert. Einige folgen eher dem Leitsatz »Vertrauen ist gut, Kontrolle ist besser!« Andere wiederum konkretisieren einen Auftrag, delegieren und vertrauen darauf, dass sich die Person meldet, wenn es etwas zu klären gibt.

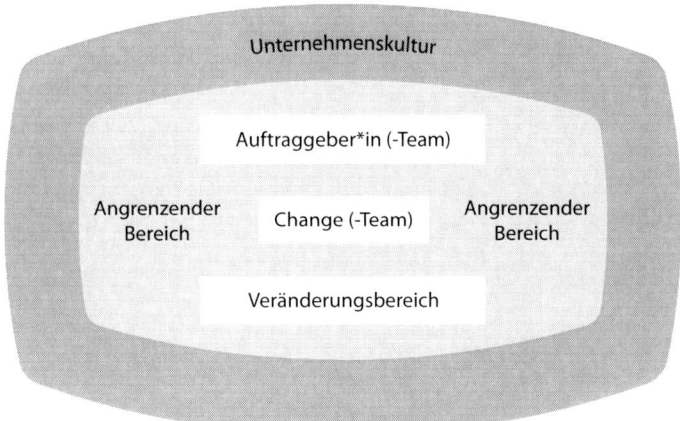

Vertrauen muss man aufbauen, d.h. Vertrauen in

- die eigene Kompetenz: »Können Sie, was Sie versprechen?«
- die Ehrlichkeit, Aufrichtigkeit und Transparenz: »Sagen Sie mir wirklich, was los ist?«
- die Loyalität: »Handeln Sie wirklich und immer in meinem Interesse?«

Das ist also »Beziehungsarbeit«, nah an den Auftrag-Gebenden und den Stakeholdern zu sein, alle immer wieder an Bord zu holen.

Vertrauen ist auch ein wesentlicher Aspekt der Selbst-Reflexion: Sind noch alle an meiner Seite, ist die Offenheit noch da, wird mir Vertrauen entgegengebracht? Und anders herum: Kann ich den anderen vertrauen und wenn nicht: Was mache ich nun, wie gehe ich weiter vor, um das wieder aufzulösen?

Im Change-Prozess geht es häufig um Interessen – man kann es nicht oft genug betonen. Es ist natürlich nicht immer so, dass alle an einem Strang ziehen. Viele Change-Prozesse haben Nebeneffekte auf angrenzende Bereiche. Diese fühlen sich möglicherweise bedroht oder angegriffen: Tust du mir etwas Gutes, oder willst du mir »am Zeug flicken«? Hilft die Veränderung auch meinem Bereich, oder habe ich die Sorge, dass das nicht der Fall ist? In der Regel ist man in einem Geflecht von Personen und von Interessen, die es immer wieder zu sortieren gilt. Dazu mehr in einem der nachfolgenden Kapitel.

Und die Klammer darum herum ist die Unternehmenskultur, die mehr oder minder vertrauensorientiert sein kann oder eben auch nicht: Ist Vertrauen Teil der DNA des Unternehmens? Wie vertrauensorientiert ist die Führung des Unternehmens? Wird delegiert und gibt es sinnvolle Feedback-Schleifen, oder praktiziert man eher Mikro-Management?

Mit den Methoden und Rückkopplungsschleifen aus dem Projektmanagement (s. a. Timinger 2017) lässt sich bei Veränderungen sehr viel tun, um einen an die Auftraggeber*innen und deren Kultur angepassten Prozess aufzusetzen. Jede*r braucht mehr oder weniger viel Rückmeldung und Detailtiefe über den Status eines Projektes. Messkriterien, Zwischen-Feedbacks und Ankerpunkte über die Zeit sind wichtige Instrumente, um Objektivität in den Prozess zu bringen.

6. Ein Kapitel über soziale Kompetenz

Die Aussage, dass Kommunikation und soziale Kompetenz in Change-Prozessen eine Schlüsselrolle spielen, findet sich in fast jedem Lehrbuch. Die Fähigkeit, Menschen abzuholen, mitzunehmen, das alles sind Kernkompetenzen von Change-Management bzw. des Change-Teams.

Ich möchte gerne einige Aspekte sozialer Kompetenz, die mir in vielen Situationen immer wieder deutlich geworden sind, hervorheben. Sie helfen einfach (s. a. Watzlawik 2016)!

Loben können

Change bedeutet ja immer, dass man etwas verändern möchte, das in irgendeiner Weise neuen Anforderungen nicht mehr gerecht wird. Das kann schnell damit verwechselt werden, dass vormalige Vorgehens- oder Verhaltensweisen »schlecht« oder »falsch« oder »qualitativ nicht angemessen« sind oder gewesen seien.

Darum geht es aber gar nicht. In der Regel geht es um »anders«. Das bedeutet, um Menschen mitzunehmen, ist es wichtig, Anerkennung und Lob auszusprechen für das, was bislang geleistet worden ist und diejenigen

Fähigkeiten und Kompetenzen hervorzuheben, die für die Zukunft wichtig sind!

Das heißt, es geht darum zu zeigen: »Ihr könnt was! Ihr könnt ganz viel! Und das wollen wir mit in die Zukunft nehmen und produktiv nutzen!«

Es war eben nicht alles »schlecht«, sondern wichtig ist das neue Andere, das man gemeinsam schaffen möchte! Und dazu braucht es natürlich die vorhandenen Fähigkeiten.

Wertschätzung empfinden

Wertschätzung zu zeigen, auch dies ist ein essentieller Aspekt von Change. Ein wichtiger Gradmesser für den oder die Change-Manager*in ist jedoch: Empfinden Sie die Wertschätzung auch wirklich für die Mitarbeiter*innen und die Führungskräfte?

Es ist leicht, sich über die zu freuen und denen Wertschätzung zu zeigen, die als Treibende und Unterstützende aktiv am Change-Prozess mitwirken. Was ist mit den anderen?

Es gibt Beitragende, die weniger offensichtlich oder aktuell weniger aktiv dabei sind. Es sind diejenigen

- mit einem Wertbeitrag in der Vergangenheit und Potenzial für die Zukunft

- die dabei bleiben und Dinge aufrecht erhalten, die Disziplin haben, aber noch nicht so involviert sind
- die auf den richtigen Moment warten und nicht sofort aufgeben und dann abgeholt werden wollen
- die eher mit leisen Tönen beitragen, eben nicht so offensichtlich
- die aktuell als »Gegner*in« erscheinen, aber vielleicht einfach nur noch einmal überzeugt werden möchten

Auch diese Mitarbeiter*innen wollen gesehen werden. Ihr Verhalten sollte nicht gleich als mangelnde Beteiligung oder gar »Widerstand« interpretiert werden. Jede*r hat sein oder ihr Tempo und den jeweiligen Weg, um von einer Sache überzeugt und – am besten – begeistert zu werden.

Wenn Sie die Wertschätzung nicht empfinden, dann ist dies ein Anlass zur Reflexion:

- Knüpfe ich an den Menschen an oder eben nicht?
- Finde ich etwas einfach »blöd«, und warum ist das so?
- Widerspricht etwas meinen Werten oder meiner inneren Haltung?

Ohne empfundene Wertschätzung knüpft man nicht an das »System«, an die Menschen dort an. Sie werden nicht mitgehen. Wertschätzung beruht immer auf Gegenseitigkeit!

Humor zeigen

Humor ist ein wunderbares Mittel in der Kommunikation und für den eigenen psychologischen »Haushalt«. In Change-Prozessen gibt es immer wieder Situationen, in denen man spontan denkt:

- – Das verstehe ich nicht! Das ergibt doch keinen Sinn.
- – Das ist doch absurd!
- – Was ist das denn für eine Logik?
- – Wo kommt das denn nun wieder her? Das war doch eigentlich geklärt?

Und so weiter... Und dann verrennt man sich, wird möglichweise ärgerlich oder frustriert: alles nicht hilfreich. Meist klären sich die Dinge auf, manchmal mit, manchmal ohne Supervision bzw. Coaching von außen. Häufig braucht es einfach eine zusätzliche Kommunikationsschleife, ein weiteres Mitnehmen und an Bord holen.

Ein guter Sinn für Humor hilft dabei – einem selbst und dem gesamten Change-Team:

- – Es ist nicht so »bier-ernst«, wie es zuerst aussah.
- – Humor schafft ein wenig Distanz.

- »Ach das ist der Hintergrund, dann ist es ja gar nicht schlimm.« Erleichterung! Wir können darüber schmunzeln.
- Wir sind eben alle Menschen mit unseren Sensibilitäten ... nehmen wir uns selbst mal nicht zu ernst ...

So hat Humor auch eine gewisse therapeutische und allemal entlastende Wirkung!

Und damit ist nicht gemeint, die Themen oder Konflikte wegzufegen oder unter den Tisch zu kehren. Es geht einfach darum, auch lachen zu können, nicht »auslachen«, sondern miteinander zu lachen.

Leichtigkeit nutzen

In der Personalentwicklung sagt man immer: Wenn Menschen in ihrem Terrain sind, dort, wo sie sich nicht ständig (über)anstrengen müssen, um etwas zu bewegen, sondern mit ihrer Kompetenz und Energie etwas erreichen, dann ist es die richtige Rolle und der richtige Ort für sie. Idealerweise sind Menschen dabei nicht komplett in ihrer »Komfortzone«, sondern haben eine gute Balance zwischen Sicherheit und dem Erweitern ihrer Kompetenzen.

So sollte es auch in Change-Prozessen sein, zumindest immer öfter. Change ist natürlich eine Sondersituation, eine besondere Herausforderung für alle. Es geht nicht immer alles glatt, es gibt Widerstände, die es schwer machen. Die alte Struktur lässt sich nicht mal eben so hinwegfegen!

Trotzdem ist das Empfinden von Leichtigkeit wichtig. Wenn es so gar nicht »leicht« ist, dann stellt sich die Frage: Warum ist das so?

- zu viele Widerstände? Wo kommen sie her?
- zu viele verschiedene Interessen, warum? Welche Klärung ist nötig?
- zu viele Konflikte? Wie könnten sie gelöst werden?
- zu viel Druck – warum? Welchen Zeitrahmen braucht die Veränderung?
- und viele Fragen mehr ...

Irgendwo ist ein Pfropf im Rohr, der gelöst werden muss, damit das Wasser wieder hindurchfließt. Das Gefühl der Leichtigkeit sollte es geben. Wenn nicht, dann besteht Reflexions- und Klärungsbedarf.

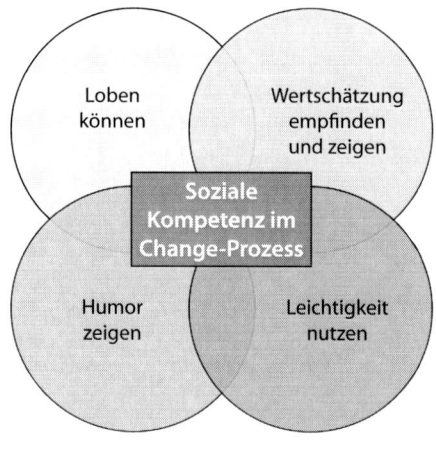

7. Die Metaebene der Metaebene der Metaebene

Manchmal ist die Ebene, auf der es im Change-Prozess hakt, sehr schwer zu verstehen. Wo kommt denn nun das Querfeuer schon wieder her? Was läuft hier krumm und nicht gerade? Wem sitzt etwas quer und warum? Und manchmal gibt es ja nicht nur auf einer Ebene Sand im Getriebe, sondern auf mehreren.

Es kann auch sein, dass das Projekt eine vollkommen neue Rolle im Gesamtzusammenhang des Unternehmens erhält und sich dadurch die Bedeutung für alle verändert. Nur vielleicht ist dies noch gar nicht so klar: Ergibt das Projekt, so wie es aufgesetzt wurde, überhaupt noch Sinn? Aber das ist dann natürlich die »Kardinalfrage«!

Top-Management / Kontrollfunktionen

Auftraggeber*in

Change-Bereich

Change-Team

Von daher gibt es immer wieder Sortieraufwand. Folgende Fragen können helfen:

Im Change-Team:

- Wird die Situation von den Teammitgliedern unterschiedlich bewertet?
- Gibt es unterschiedliche Vorstellungen zum Vorgehen?
- Gibt es möglicherweise persönliche Verletzungen, fühlt sich jemand nicht hinreichend wertgeschätzt?
- Gibt es interne Konkurrenz?

Im Bereich, der sich verändern soll (und ggf. angrenzende Bereiche, die tangiert werden. Achtung: Prozesskette beachten!)

- Ist das Ziel noch das gleiche, oder verändert es sich gerade?
- Sind die Interessen unklar, oder haben sie sich verändert?
- Gibt es Interessenkonflikte?
- Hat sich die Sicht auf das Projekt verändert?
- Hat sich die Konstellation verändert: Befürwortende, Skeptiker*innen, Gegner*innen, Unentschlossene?

Bei den Auftrag-Gebenden:

- Hat sich die Lage im Unternehmen geändert? Hat das Projekt eine andere Wertigkeit oder spielt eine andere Rolle?

- Gibt es neue unterschiedliche Interessen, die jetzt in Konflikt geraten?
- Gibt es persönliche Themen, Machtkämpfe, Konkurrenz-Situationen, die sich auf das Projekt auswirken? (»Wenn der mit seinem Projekt Erfolg hat, dann hat er mehr Chancen für Position ›X‹ als ich, ich will die Rolle aber haben!«)
- Wem nutzt das Projekt, wem nutzt es nicht?

Im Top-Management oder in Kontrollgremien (z. B. Aufsichtsrat, Gruppenfunktionen):

- Hat sich in der Unternehmens- oder Konzernkonstellation etwas verändert, das sich auf das Projekt auswirkt?
- Gibt es hier eine neue Sichtweise oder Einordnung des Projektes in die Gesamt-Konstellation?
- Passt das Projekt noch in die Strategie?
- Gibt es hier persönliche Themen?

Manchmal kann man nicht weit genug oder um diverse Ecken herum denken, um auf die Ursache für Störungen oder Widerstände zu stoßen. Und nicht immer ist man als Change-Manager*in selbst die richtige Person, die sie auflösen kann.

Oder es erscheint irrational, was da gerade passiert. Und dann können natürlich die verschiedenen Interessenebenen verwoben und vermischt sein, die Akteure*innen agieren in ihrem Terrain und beeinflussen die Themen gegenseitig, mischen sich ein. Oder es kriselt nicht nur an einer Stelle.

Dann geht es nicht mehr voran, sondern gefühlt zurück. Rückschläge sind Teil von Veränderung, es geht nie alles glatt, dazu sind solche Prozesse viel zu komplex. Schnelle und langsame Phasen sind ebenso normal bei der Veränderung, das Tempo variiert.

Veränderung passiert nur, wenn der Druck auf die Organisation oder das Unternehmen groß genug ist oder wenn eben die »richtigen« Akteure*innen am Tisch sitzen und treiben statt zu verhindern. Sonst versandet der Veränderungsprozess irgendwann – bis zum nächsten Mal.

Und Fehler können eben auch passieren: in der Auftragsklärung, im Beteiligen der Mitarbeiter*innen und Führungskräfte, im Klären der Interessen usw. Jeder Veränderungsprozess ist damit auch ein Lernprozess.

Sortieren, sortieren, sortieren, immer besser mit Hilfe von außen. Man muss nicht immer alles alleine geordnet bekommen!

8. Change und wie geht es dir?

Das eigene Befinden ist ein sehr guter Gradmesser für den Change-Prozess. In einem selbst spiegelt sich ja der Ablauf wider. Manchmal ignoriert man das und denkt: Ich muss ja weiter daran arbeiten, die schwierige Phase überstehen, durchhalten, bis der Erfolg kommt usw. Das kann richtig sein oder auch nicht.

Manchmal vergeben wir uns die Chance, inne zu halten, stopp zu sagen, wir hören den eigenen Signalen nicht zu. Dann holen wir nicht rechtzeitig Hilfe dazu, wir eskalieren die Dinge nicht an der richtigen Stelle: »So geht es nicht!«

Es gibt Situationen, die sind eine Zumutung für den Change-Prozess und für die Agierenden in ihm. Neben aller Professionalität und Souveränität, die in der Beratung gefordert sind, gilt es eben auch, auf sich selbst aufzupassen!

Fünf ganz einfache Fragen können helfen, eine kurze Bestandsaufnahme zu machen.

	1	2	3	4	5	6	7	8	9	
Fühlen Sie sich mit Ihrem Tun »im Fluss«?										Oder fühlen Sie sich statisch und schwer wie ein Mehlsack?
Sind Sie gelassen?										Oder sind Sie angespannt?
Haben Sie Mut?										Oder haben Sie Angst?
Lachen Sie häufig?										Oder lachen Sie nicht mehr?
Können Sie noch positives Feedback geben?										Oder finden Sie im Moment alles mies und negativ?

Wir selbst sind ein Resonanzfeld: Nutzen wir das als wertvolles Mittel für die Veränderung des Veränderungs-prozesses – wenn es nötig ist!

9. Das Zusammenspiel der Akteure*innen

Zum Schluss möchte ich auf eine wesentliche Frage kommen, die für den Erfolg von Change-Projekten eine zentrale Rolle spielt: Das Zusammenspiel der Treiber*innen von Veränderung und die Art und Weise, wie sie ihre jeweilige Rolle wahrnehmen. Es sind

- die Auftrag-Gebenden, der Chef oder die Chefin, die ein Projekt vergeben
- der Steuerkreis im Falle von größeren Veränderungen
- der oder die interne Change-Manager*in
- die externe Beratung
- das Change-Team, die Mitarbeitenden im Projekt
- die betroffenen Mitarbeiter*innen, deren Aufgaben, Prozesse oder Tools sich verändern sollen

Zusammenspiel der Akteur*innen:
Vertrauen, Rückendeckung und gemeinsame Interessen?

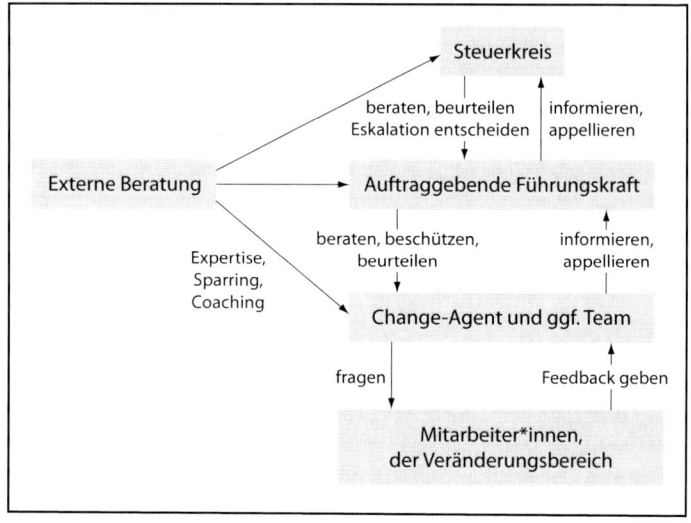

Natürlich sind nicht immer alle Rollen besetzt, es kommt auf die Größe des Projektes an.

Schauen wir uns einmal die einfachste Situation an: Eine Führungskraft vergibt einen Change-Auftrag an eine*n Mitarbeiter*in, z.B. die Einführung eines neuen Prozesses oder einer neuen Struktur in einem kleineren Bereich. Idealerweise

- werden Ziel, Ressourcen und Zeitplan klar abgesprochen
- verständigen sich beide Seiten über regelmäßige Feedbackschleifen zum Stand des Projektes

- wird für den Fall der Eskalation – es läuft nicht so rund wie geplant – ein klares Vorgehen verabredet: »Sie können mich immer anrufen!« oder »In dem Fall ist ein kurzfristiger Termin immer drin! Dann setzen wir uns zusammen.«
- beruht das Arbeitsverhältnis entsprechend auf gegenseitigem Vertrauen und Wertschätzung.

Die Auftrag-gebende Führungskraft hat dabei im Prozess aus meiner Sicht drei Aufgaben:

- Beurteilen: die Projektfortschritte abzunehmen und irgendwann zu bewerten, ob das Ziel erreicht wurde
- Beraten: das Projekt zu begleiten, Sparringspartner*in zu sein und Hinweise zu geben
- Beschützen: bei Dritten zu eskalieren, sollte es Störungen von außen geben und vor allem Rückendeckung zu geben!

Der bzw. die Veränderungsmanager*in hat – reziprok – die Aufgabe, diese drei Aspekte von der Führungskraft auch aktiv abzuholen: zu informieren, transparent zu sein, dann nach Feedback zu fragen und tatsächlich rechtzeitig zu eskalieren, wenn die Dinge drohen, festzufahren. Kein falscher Stolz bitte – das sind die zwei Seiten einer Medaille oder die zwei Seiten der Kommunikation mit der Führungskraft. Es ergibt überhaupt keinen Sinn, das Projekt »in den Graben zu fahren« statt um Hilfe zu bitten.

Und je mehr die Veränderung, die Weiterentwicklung der Organisation oder was immer das Thema ist, auf dem Input der Mitarbeiter*innen beruht, sie sich einbezogen und laufend informiert fühlen, umso besser für das Projekt. Und auch hier gilt, dass Kommunikation eine zweiseitige Angelegenheit ist.

Ist das Change-Projekt größer und komplexer, gibt es ein Projektteam samt Teamleitung, eine Auftrag-gebende Führungskraft und einen Steuerkreis, dann sind die Aufgaben und Rollen etwas anders verteilt:

Der bzw. die Change-Manager*in hat Teammitglieder, die entweder direkt oder fachlich an sie oder ihn berichten, eine klassische Führungssituation mit den Aufgaben delegieren, beraten und Ergebnisse abnehmen.

Die Auftrag-gebende Führungskraft nimmt auch hier die oben genannte Rolle wahr: beurteilen, beraten, beschützen.

Der Steuerkreis hat strukturell die gleiche Funktion, also

- die (Zwischen-)Ergebnisse zu beurteilen und abzunehmen und zu schauen, ob das Projekt »auf Kurs« ist und dabei zu reflektieren, ob die Rahmenbedingungen nach wie vor die gleichen geblieben sind. Letzteres ist besonders wichtig. Rahmenbedingungen verändern sich schnell, sind nicht statisch. Der Steuerkreis ist das Forum, das zu diskutieren und

ggf. die Richtung des Projektes anzupassen. Diese
Entscheidung fällt hier.

- zuzuhören, für Offenheit zu sorgen, zu beraten,
kritisch zu hinterfragen, Feedback zu geben,
manchmal auch zu konfrontieren, um Dinge auf
den Punkt zu bringen.

- die Eskalationsinstanz zu sein und den Erfolg des
Projektes zu sichern, wenn Konflikte oder Widerstände auftauchen oder aufgrund äußerer Faktoren
ein Kurs- und Strategiewechsel erforderlich werden.

Immer wieder – »im richtigen Leben« – kann es die
Situation geben, dass Steuerkreise oder einzelne ihrer
Mitglieder ihre Aufgabe nicht ernst genug nehmen oder
möglicherweise kein wirkliches inhaltliches Interesse am
Projekt haben. Das gepaart mit den Gedanken der voran-
gehenden Kapitel, hängt der Erfolg des Zusammenspiels
von Steuerkreis und Change-Projekt ganz wesentlich vom
gegenseitigen Vertrauen und der laufenden Klärung der
jeweiligen Interessen ab – »die Metaebene der Metaebene
der Metaebene«.

Es lässt sich leicht ausmalen, was in Projekten passiert,
bei denen diese Faktoren nicht gegeben sind. Dann
mangelt es an Rückendeckung, es kommt zu Schuldzu-
weisungen und schnell wird ein Opfer gesucht, das man
verantwortlich machen kann.

Kommt eine externe Beratung hinzu, kann diese jeweils
unterschiedlich beauftragt und entsprechend eingebun-
den sein, je nachdem, ob diese den Steuerkreis selbst, die
Auftrag-gebende Führungskraft oder direkt die Change-
Projektleitung unterstützt: Sie

- leistet fachlichen, methodischen und auf den
  Prozess bezogenen Input für die jeweiligen Stakeholder und bringt damit Expertise ein
- agiert als Sparringspartner*in in der Diskussion:
  »Lasst uns einmal die Köpfe zusammenstecken«!
- ist Coach und Reflexionspartner*in für die Meta-
  ebenen des Projektes
- kann bei Bedarf – weil außenstehend – ganz anders
  intervenieren als interne Projektbeteiligte und eine
  Eskalation beschleunigen.

So spricht viel dafür, diese externe Unterstützung –
zumindest ab einer bestimmten Komplexität – für die
professionelle Projekt-Gestaltung hinzuzuziehen.

In diesem Zusammenspiel der Projektbeteiligten mit
ihren verschiedenen Rollen geht oft nicht immer alles
»glatt«: Es gibt unterschiedliche Meinungen, die nicht
zusammenkommen, unterschiedliche Werthaltungen,
zwischendurch Zeit- und Ressourcenmangel und, und,
und. Und wenn dann noch verschiedene Interessen auf-
einandertreffen oder im Laufe der Zeit entstehen, dann
möglicherweise Vertrauen verloren geht, wird es ganz
schwierig.

Das Zusammenspiel der Akteure*innen im Veränderungsprojekt im Blick zu haben und darauf zu achten, dass
jede*r die entsprechende Rolle gut wahrnimmt, ist eine
eigene Aufgabe. Die Frage: »Arbeiten wir im Gesamtzusammenhang des Projektes gut und effektiv zusammen?«
sollte deshalb regelmäßig auf der Agenda stehen. Das
kann der Steuerkreis, die Auftrag-gebende Führungskraft
oder auch die externe Beratung übernehmen. Jemand
sollte es auf alle Fälle tun! Dies ist auch ein Thema für
jede Projektauswertung am Ende: Wie sind wir auf dieser
Ebene vorgegangen, wie haben wir kooperiert, und was
lernen wir für die Zukunft daraus?

**Zum Abschluss noch eine Geschichte: Wenn aus einer
formalen Projektgruppe ein echtes Change-Team wird**

Ein Unternehmen aus der Elektronikbranche steht vor
einer großen Veränderung. Der Bereich E-Tech-Max,
der bislang die sogenannte »Cash Cow« war, also mit
vergleichsweise geringem Aufwand sehr gute Gewinne
erzielt hat, gerät durch einen Technologiewandel in die
Schieflage und wird mittel- bis langfristig geschlossen
werden müssen. Ein anderer Unternehmensteil, der
Bereich E-Tech-Inno mit vielversprechender neuer
Technologie, ist im Aufbau begriffen, aber noch nicht
profitabel genug. Ein Umbau mit mittelfristiger Ziellinie
ist erforderlich. So wird eine Projektgruppe gebildet,
um hierfür ein Konzept zu entwickeln. Geleitet wird
sie von Carina L. aus dem Organisationsstab des CEO
als Change-Managerin. Mit im Team sind die Leiter

der beiden betroffenen Bereiche E-Tech-Max und E-Tech-Inno sowie die Leiterin Human Resources, ein Kollege aus dem Controlling und phasenweise ein Betriebsratsmitglied. Ferner wird für einzelne Themen externer Sachverstand hinzugezogen. Das Projektteam berichtet an den Steuerkreis bestehend aus dem CEO, dem CFO und den beiden Divisionsleitern*innen, also im Grunde an die Geschäftsführung.

Der Auftrag ist formuliert, es sollen ein Produkt-, Investitions- und ein Personalkonzept entwickelt werden. Möglicherweise könnte durch gezielte Akquisitionen zusätzliches Know How an Bord kommen. Im Idealfall möchte das Unternehmen auf betriebsbedingte Kündigungen verzichten und stattdessen über interne Versetzungen begleitet von Umschulungen dafür sorgen, die Mitarbeiter*innen zu halten. Carina L. ist sehr zufrieden mit dem Auftrag, sie hält ihn für machbar, und ein Zeitrahmen von 18 bis 24 Monaten für den Umbau sollte realistisch sein. Die finale Schließung des Bereiches E-Tech-Max könnte – der Marktentwicklung folgend – in drei bis fünf Jahren erfolgen.

Die Konzeptphase und Diskussion starten konstruktiv, das Team erarbeitet drei verschiedene Szenarien, die dem Steuerkreis vorgelegt werden. Dieser entscheidet sich, mit zwei Varianten weiter zu arbeiten, und auch der Betriebsrat scheint vorerst zufrieden zu sein. Bei detaillierterer Diskussion der beiden Alternativen und insbesondere dem Plan für die Versetzung der

Mitarbeiter*innen und einer immer konkreter wer-
denden Akquisition kommt es zu Schwierigkeiten
im Projektteam. Unterschiedliche Interessen treten
zu Tage: Der Leiter des Bereiches E-Tech-Max sieht
viele Punkte rational ein, aber auf der anderen Seite ist sein Lebenswerk in Gefahr und die Sorge um
seine Mitarbeiter*innen groß. Er befürchtet, dass die
mögliche Akquisition dazu führen wird, dass seine
Kollegen*innen die schlechteren Jobs bekommen oder
aus dem Unternehmen gedrängt werden und der Leiter
des Bereiches E-Tech-Inno sich eher aus dem Perso-
nalpool der hinzuzukaufenden Firma bedienen wird.
Die Diskussion bleibt nicht sachlich, sondern wird
emotional und auch persönlich. Die beiden Bereichsleiter suchen einzeln das Gespräch mit dem CEO, an
Carina L. und den Projektregeln vorbei. Jeder macht
seine Lobbyarbeit.

In dieser Situation sucht Carina L. das Gespräch mit einer externen Beraterin, um die Situation, die Interessen
und die möglichen Vorgehensweisen zu reflektieren. Sie
entwickeln einen Vorgehensplan. Dazu gehören

- ein Briefing des CEO durch Carina L. und ein
  Okay zu ihrer Vorgehensweise

- dann Einzelgespräche mit den beiden Bereichs-
  leitern, um deren Sichten besser zu verstehen,

- anschließend ein gemeinsames Gespräch zu
  viert, also die Bereichsleiter, Corinna L. und die
  externe Beraterin, um die Bereichsinteressen und

Perspektiven auszutauschen, einen gemeinsamen
Plan zu entwickeln und vor allem die überhitzten
Emotionen abzukühlen

– anschließend ein Termin mit dem Steuerkreis
zum Stand der Diskussion

Der Steuerkreis bereitet sich auf diesen Termin intensiv
vor, sowohl auf fachlicher, vor allem aber auch auf
der menschlichen Ebene. Man will keinen Bereichsleiter verlieren und das Klima im Führungsteam nicht
vergiften, von wegen: ein Bereich gegen den anderen.
Vor allem aber ist wichtig, im Unternehmen, bei den
Mitarbeitern*innen für Offenheit für die Veränderung
zu sorgen. Die Neuausrichtung und der Umbau sollen
die Zukunft des Unternehmens sichern und die Ge-
schäftsentwicklung fördern, dies ist ja etwas Positives.
Die Mitarbeiter*innen sollen den Weg mitgehen. Es
muss deutlich werden: Ihr mit eurer Qualifikation seid
wichtig und gehört zum Zukunftskonzept dazu. Ohne
eure Expertise und euer Engagement geht es nicht!

Der Steuerkreis-Termin findet statt. Die Bereichsleiter bekommen noch einmal hinreichend Zeit, ihre Vorstellungen, aber auch ihre Sorgen zu platzieren. Es wird viel diskutiert über Gewinnen und Verlieren, über Führung und
Wertschätzung und darüber, wie die Mitarbeiter*innen
für das Konzept begeistert werden können. Zwei Drittel
der Zeit werden dafür investiert. Die Diskussion des
Vorgehensplanes und der Finanzkennzahlen sind danach
eigentlich nur noch ein Spaziergang...

Was nehmen wir daraus mit? Hier habe viele Akteure*innen ihre jeweiligen Rollen gut wahrgenommen:

- Die Change-Managerin hat sich professionelle Reflexion gesucht und sich Sicherheit bei ihrem Chef geholt.
- Der CEO hat seine Mitarbeiterin unterstützt und Sensibilität für die Situation gezeigt.
- Der Steuerkreis hat sich zusammengerauft, die beiden Divisionsleiter*innen haben ein Win-Win-Ergebnis gesucht. Sie wussten, dass sie ihre Ziele nur durch Kooperation erreichen können.
- Die betroffenen Führungskräfte der Bereiche haben sich auf einen Vermittlungs-Prozess eingelassen.
- Der Betriebsrat hat die Dinge mitgetragen, klug gehandelt und gerade nicht für Unruhe in der Belegschaft gesorgt, die nur kontra-produktiv gewesen wäre.

Fast alle sagten hinterher, dass diese Krise oder dieser Tiefpunkt nötig war, um untergründiges Misstrauen und Zukunftsängste aus dem Weg zu räumen und dafür zu sorgen, aus einer Projektgruppe ein echtes »Change-Team« zu machen, das anschließend gemeinsam durch »Dick und Dünn« gegangen ist.

Ausblick

Change wird immer mehr zu einem permanenten Zustand, zu einer Konstanten, statt die Ausnahme zu sein. Die Halbwertszeit von Veränderungsprojekten wird immer kürzer. Wir müssen uns immer häufiger und schneller auf neue Herausforderungen einstellen, unsere Arbeitsweisen anpassen oder selbst in die Rolle der Steuerung von Veränderung gehen. Je reflektierter wir das tun, umso besser.

Ich hoffe, ich konnte Ihnen mit diesem Lesebuch – den Change-Stories und den konzeptionellen Überlegungen rund herum – einige gute Anregungen geben oder Sie in dem bestärken, was Sie sowieso schon so gedacht und gemacht haben.

Viel Erfolg bei Ihren Projekten!

Danke

Nichts entsteht allein, es gibt immer Hilfe, Unterstützung, Feedback und gute Anregungen und Ideen. So sage ich danke dafür an meinen Sohn Kai und an meine Freundin Elke.

Literatur

Diesen Text konnte ich nur schreiben, weil ich in meinem Leben viel Zeit geschenkt bekam, um mich mit guten Büchern und Konzepten auseinanderzusetzen. Und ich hatte sehr gute Lehrer*innen, Kommilitonen*innen und Kollegen*innen, mit denen ich diskutieren, reflektieren und streiten konnte. Das ist »eine Bank« und für mich immer wieder handlungsleitend, gibt Leitplanken und macht Komplexität verstehbarer.

Als Arbeitspsychologin bin ich mit der Handlungsregulationstheorie groß geworden. Sie hat mein konzeptionelles Arbeiten geprägt, und ich konnte sie für die betriebliche Praxis nutzen. Dafür ist sie ja auch gemacht.

Als Personalerin, Organisationsentwicklerin und als Coach habe ich mich viel mit dem Systemischen Ansatz beschäftigt. Er hilft mir, Strukturen, Wirkmechanismen, Interessen und Energien in Organisationen zu begreifen.

Und ein bisschen Philosophie hat mir auch immer geholfen!

Beide Schulen haben für mich den gleichen Effekt, nämlich Hypothesen zu generieren, Gedanken anzuregen und Wirklichkeit zu strukturieren.

Vor allem empfehle ich:

Kegan, Robert & Laskow Lahey, Lisa (2009). Immunity to Change. How to overcome it and unlock the potential in yourself and your organization. Boston, Massachusetts: Harvard Business Review Press.

Kotter, John P. (2018) (5. Nachdruck). Leading Change. Wie Sie Ihr Unternehmen in acht Schritten erfolgreich verändern. München: Vahlen.

Laloux, Frederic (2017). Reinventing Organizations. Ein illustrierter Leitfaden sinnstiftender Formen der Zusammenarbeit. München: Vahlen.

Schein, Edgar H. (2010). Prozessberatung für die Organisation der Zukunft: Der Aufbau einer helfenden Beziehung (EHP-Organisation). Bergisch Gladbach: EHP.

Senge, Peter M. (2017). Die fünfte Disziplin. Kunst und Praxis der lernenden Organisation (Systemisches Management). Stuttgart: Schäffer-Poeschel.

Simon, Fritz B. (2015). Einführung in die systemische Organisationstheorie. Carl-Auer Compact. Heidelberg: Carl-Auer.

Sinek, Simon (2011). Start with why. How great leaders inspire everyone to take action. London: Penguin Books.

Timinger, Holger (2017). Modernes Projektmanagement. Mit traditionellem, agilem und hybridem Vorgehen zum Erfolg. Weinheim: Wiley VHC.

Ulrich, Dave u. a. (2012). HR from the Outside In. New York: McGraw-Hill.

Watzlawik, Paul (2016). Man kann nicht nicht kommunizieren. Das Lesebuch. Hrsg. von Trunk, Trude. Bern: Hogrefe.

Happy further reading!

EHP
KOMPAKT

Inge-Marlen Ropers
STEHEN SIE DOCH EINFACH MAL AUF!
SUPERVISION UND COACHING SZENISCH-KREATIV
Fallgeschichten aus der psychodramatischen Praxis
Mit einer Einführung von Prof. Dr. Ferdinand Buer
160 Seiten, Abb., Tab. · ISBN 978-3-89797-130-1

Achim Votsmeier-Röhr
KEINE ANGST VOR BÖRSE & CO.!
Anlagepsychologie und persönliches Handelssystem
Eine Einführung in das Stützungsorientierte Investieren
222 Seiten, zahlr. Abb., Farbfotos u. Tab.
ISBN 978-3-89797-058-8

Jochen Waibel
»SCHWEIGEN SIE NOCH ODER STIMMEN SIE SCHON?«
STIMMPERSÖNLICHKEIT – FÜHRUNG – DIALOG
Keine Angst vor Konflikten!
208 Seiten, Abb., Tab. u. Fotos · ISBN 978-3-89797-301-5

Heidi Wahl
MACH'S DIR LEICHT, SONST MACHT'S DIR KEINER
Resilienz tanken mit dem Mariposa-Prinzip
208 Seiten, zahlr. Abb., Hardcover
ISBN 978-3-89797-105-9

Jörg Heidig, Matthias Schmidt, Ina Jäkel, Benjamin Zips
GESPRÄCHSFÜHRUNG IM JOBCENTER: DIE KUNST,
WIRKSAM ZU BERATEN UND GESUND ZU BLEIBEN
Motivation, Burnout, Selbstsorge
Mit einem Vorwort von Herbert Bock.
168 Seiten, 20 Abb. · ISBN 978-3-89797-092-2

SOZIALE INNOVATION & CHANGE

Sabine Sohn, Dieter Conzelmann
MIT DEM SUCCESS LOOP ZUM ERFOLGREICHEN INDUSTRIE 4.0 GESCHÄFTSMODELL
Ein Workbook für Vordenker, die Ihr Unternehmen fit für die Zukunft machen möchten

338 Seiten, zahlr. farbige Abb., Arbeitsbuch in Spiralbindung · ISBN 978-3-89797-101-1

B. Fildhaut, G. Happich, F. Höher, K. Kiggen, J. Messerschmidt, B. J. Reinhardt, C. Seewald
FÜHRUNGSFRAUEN IM BLICK
Führung im Wandel
Geleitwort Marie-Luise Wolff

220 Seiten, Abb., Tab. · H-Cover · ISBN 978-3-89797-123-3

Karsten Funke-Steinberg, Winfried Meilwes, Ulrich Hoepfner
FÜHRUNGSKULTUR – DIENER DREIER HERREN
Vierzig Thesen für die tägliche Praxis
Mit einem Geleitwort von Wolfgang Looss

96 Seiten, 40 Doppelseiten m. Text/Bild · Hardcover
ISBN 978-3-89797-084-7

Edgar H. Schein, Peter Schein
HUMBLE LEADERSHIP
Erfolgreich Führen mit Beziehung, Offenheit und Vertrauen
Führungskompetenzen III.

198 Seiten, Abb., Tab. · H-Cover · ISBN 978-3-89797-096-0

Gudrun Kaltwasser, Betty Wollgarten
MACHTRAUM: FRAUEN, FÜHRUNG, MACHT
Wege zu mehr Souveränität

160 Seiten, zahlreiche Abb. · ISBN 978-3-89797-125-7

... Organisation ... Veränderung ...
... Coaching ... Führung ...

Edgar H. Schein
FÜHRUNG UND VERÄNDERUNGSMANAGEMENT
Mit einem Beitrag von Gerhard Fatzer:
Edgar H. Schein und die Organisationsentwicklung
112 Seiten, zahlr. Abb., Tabellen, DVD · Hardcover
ISBN 978-3-89797-056-4

Peter Höher, Friederike Höher
KONFLIKTMANAGEMENT
Konflikte kompetent erkennen und lösen
220 Seiten, zahlr. Abb. · ISBN 978-3-89797-018-2

Ina Jäkel, Gisbert Stein
UNTERNEHMEN(S)GESUNDHEIT
Betriebliches Gesundheitsmanagement für die Praxis
208 Seiten; zahlr. Abb., Tab., Checklisten
ISBN:978-3-89797-095-3

Gerhard Fatzer (Hrsg.)
**NACHHALTIGE TRANSFORMATIONSPROZESSE
IN ORGANISATIONEN**
Grundlagen von Lerngeschichten
(TRIAS-KOMPASS 4)
328 Seiten, zahlr. Abb. · ISBN 978-3-89797-016-8

Tanja Hoffmann
**UNTERNEHMENSKULTUR UND
VERÄNDERUNGSPROZESSE**
Aufstieg und Fall eines deutschen Einzelhandelskonzerns
344 Seiten, Tab. · Hardcover · ISBN 978-3-89797-093-9